计算机算法理论与应用

蒋伟　田嵩　孙鹏　著

中国水利水电出版社
www.waterpub.com.cn
·北京·

内 容 提 要

计算机在解题的过程中，无论是形成解题思路还是编写程序，都是在实施某种算法，本书对计算机算法的理论与应用进行了深入分析，首先阐述了计算机算法基础知识，而后分别论述了计算机神经网络算法与应用、数据挖掘算法与应用、MATLAB 算法与应用、工程图形算法与应用、数字视频图像处理算法与应用、智能算法与应用、蚁群算法及其应用、群体智能算法及其应用、高维多目标进化算法与应用及视觉算法在智能车中的应用，最后分析了网络环境下计算机的安全性问题。

本书可供计算机科学等相关专业本科生、研究生阅读，也可供从事计算机算法设计、分析与应用工作的教师与研究人员参考。

图书在版编目（CIP）数据

计算机算法理论与应用／蒋伟，田嵩，孙鹏著．--
北京：中国水利水电出版社，2018.7（2022.10重印）
ISBN 978-7-5170-6582-1

Ⅰ．①计… Ⅱ．①蒋… ②田… ③孙… Ⅲ．①计算机
算法 Ⅳ．①TP301.6

中国版本图书馆 CIP 数据核字（2018）第 128195 号

	责任编辑：陈 洁　　　　封面设计：王 伟				
书　名	计算机算法理论与应用 JISUANJI SUANFA LILUN YU YINGYONG				
作　者	蒋伟　田嵩　孙鹏　著				
出版发行	中国水利水电出版社 （北京市海淀区玉渊潭南路 1 号 D 座　100038） 网址：www.waterpub.com.cn E-mail：mchannel@263.net（万水） 　　　　sales@mwr.gov.cn 电话：（010）68545888（营销中心）、82562819（万水）				
经　售	全国各地新华书店和相关出版物销售网点				
排　版	北京万水电子信息有限公司				
印　刷	三河市人民印务有限公司				
规　格	185mm×260mm　　16 开本　　12 印张　　292 千字				
版　次	2018年9月第1版　　2022年10月第2次印刷				
印　数	2001-3001册				
定　价	48.00 元				

前　言

电子计算机（electronic computer）是一种能自动地、高速地进行大量运算的电子设备。它能通过对输入的数据进行指定的数值运算和逻辑运算来求解各种算题，也能用来处理各种数据和事务，是一种自动化信息处理工具。当它与一定的机电设备或仪器设备相结合时，能实现对生产过程和实验过程的控制。

严格地说，电子计算机本身就是近代数学的辉煌成就，将计算机与数学割裂开来，既不合理也不可能。组合学也就是在计算机科学蓬勃发展的刺激下而崛起的，从而成为比较活跃的数学分支。组合学从与计算机科学相结合中获得了广阔的发展空间，从而也为计算机科学奠定了理论基础。

那么，计算机在解题的过程中，无论是形成解题思路还是编写程序，都是在实施某种算法。计算机算法是计算机科学和计算机应用的核心，无论是计算机系统、系统软件的设计，还是为解决计算机的各种应用课题做的设计都可归结为算法的设计。

本书对计算机算法的理论与应用进行了深入分析，首先阐述了计算机算法基础知识，而后分别论述了计算机神经网络算法与应用、数据挖掘算法与应用、MATLAB 算法与应用、工程图形算法与应用、数字视频图像处理算法与应用、智能算法与应用、蚁群算法及其应用。

随着计算机技术的迅速发展，人们对计算机的应用要求在质和量上也在不断提高。传统的单机运行方式已无法适应信息社会的需求，现代社会是信息社会，网络对人们的学习、工作和生活以及对社会的影响越来越大，使得人们都希望掌握一定的网络知识。计算机网络的开发、研究以及培养该领域的核心人才越来越受到全社会的广泛关注。计算机网络应用的迅速普及，要求人们了解、掌握网络的各种技术，以适应信息社会发展的需要。

在计算机网络深入普及的信息时代，信息本身就是时间，就是财富。信息通过脆弱的公共信道传输，储存于"不设防"的计算机系统中。如何保护信息的安全使之不被窃取及不至于被篡改或破坏，已成为当今普遍关注的问题。密码是有效而且可行的办法，在计算机网络的刺激下，近代密码学便在算法复杂性理论的基础上建立起来了，密码最早是应用于战争当中的，后来随着人们对信息安全的重视，密码逐渐的转移到了保护人们信息安全的用途上来。事实上，资源共享和网络安全是一对矛盾，随着资源共享的加强，网络信息安全问题也日益突出。这对此种现状，本书对计算机网络安全体系、技术及安全等方面的问题也进行了论述。

本书在写作过程中得到了相关领导的支持和鼓励，同时参考和借鉴了有关专家、学者的研究成果，在此表示诚挚的感谢！由于时间及能力有限，书中难免存在疏漏与不妥之处，欢迎广大读者给予批评指正！

目　录

第一章　计算机算法概述

计算机算法是以一步接一步的方式来详细描述计算机如何将输入转化为所要求的输出的过程。或者说，算法是对计算机上执行的计算过程的具体描述。

第一节　计算机算法基础知识

一、算法的概念

算法，简言之就是解决问题的方法。人们解决问题的过程一般由若干步骤组成，通常把解决问题的确定方法和有限步骤称为算法。如果相关问题的解决最终由计算机来实现，又由于计算机不具备思考能力以及人的"跳跃性思维"等因素，因此方法的确定和对步骤的描述尤为重要。

算法是对解题过程的描述，这种描述是建立在程序设计语言这个平台之上的。就算法的实现平台而言，可以抽象地对算法作如下定义：

算法=控制结构+原操作（对固有数据类型的操作）

无论是面向对象的程序设计语言，还是面向过程的程序设计语言，都是用三种基本结构（顺序结构、选择结构和循环结构）来控制算法流程的。每个结构都应该是单入口单出口的结构体。结构化算法设计常采用自顶向下逐步求精的设计方法，因此，要描述算法首先需要有表示三个基本结构的构件，其次能方便支持自顶向下逐步求精的设计方法。

二、算法与数据结构及程序的关系

（一）算法与数据结构的关系

算法与数据结构是密不可分的。除极少数算法外，几乎所有算法都需要数据结构的支持，而且数据结构的优劣往往决定算法的好坏。数据结构把输入的数据及运算过程中产生的中间数据以某种方式组织起来以便于动态地寻找、更改、插入、删除等。没有一种数据结构是万能的，我们应根据问题和算法的需要选用和设计数据结构，而在讨论数据结构时也必定会讨论其适用的算法。所以，数据结构课程与算法课程的内容往往有很大重叠。但是，数据结构课程需要解释其在计算机上的具体实现，而算法课程着重讨论在更为抽象的层次上解决问题的技巧及分析方法。打个比方，数据结构就好像汽车零件，例如发动机、车轮、车窗、车闸、座椅、灯光、方向盘等，而算法就好像是汽车总体设计。我们假定读者熟悉常用的一些数据结构，包括数组、队列、堆栈、二叉树等，而略去对它们的介绍。读者还应当具有基本的编写程序的知识。

（二）算法与程序的关系

一段用某种计算机语言写成的源码，如果可以在计算机上运行并正确地解决一个问题，则称为一个程序。程序必须严格遵守该语言规定的语法（包括标点符号），并且编程时往往还必须考虑到计算机的物理限制（例如，最大允许的整数在 32 位机上和 16 位机上是不同的），而算法则不依赖于某种语言，更不依赖具体计算机的限制。只要步骤和逻辑正确，一个算法可以用任何一种语言表达。当然这种语言必须清楚无误地定义每一步骤且能够让稍懂程序的人看懂。这样，设计算法者可以着重考虑解题方法而免去不必要的琐碎的语法细节。所以，算法通常不是程序，但一定可以用任一种语言的程序来实现（我们假定机器有足够大的内存）。

著名计算机科学家尼克劳斯·沃思（Niklaus Wirth）就此提出一个公式：

$$数据结构+算法=程序$$

数据结构是对数据的描述，而算法是对运算操作的描述。

实际上，一个程序除了数据结构与算法这两个要素之外，还应包括程序设计方法。一个完整的 C 程序除了应用 C 语言对算法进行描述之外，还包括数据结构的定义以及调用头文件的指令。

如何根据案例的具体情况确定并描述算法，如何为实现该算法设置合适的数据结构，是求解实际案例必须面对的问题。

我们举一个例子——选择排序（selection sort）——来说明算法与程序的关系。排序问题就是要求把 n 个输入的数字从小到大（或从大到小）排好。我们假定这 n 个输入的数字是存放在数组 $A[1..n]$ 中。下面的算法称为选择排序。

【例 1-1】选择排序。

输入：$A[1],A[2],\cdots,A[n]$

输出：把输入的 n 个数重排使得 $A[1]\leqslant A[2]\leqslant\cdots A[n]$

Selection-Sort($A[1..n]$)

```
1    for(i←1,i≤n,i++)
2        key←i
3        for(j←i,j≤n,j++)
4            if A[j]<A[key]
5                then key←j
6            endif
7        endfor
8        A[i] ↔ A[key]
9    endfor
10   End
```

这个算法看上去像 C++ 程序，但不是。实际上，它不遵守目前为止任一个可在计算机上编译的语言规定的语法，但它把算法的步骤描述得很清楚。这个算法含有 n 步，对应于变量 i 从 1 变到 n。第一步，它把最小数选出并放在 $A[1]$ 中；第二步，它把余下的在 $A[2..n]$ 中的最小数选出并放在 $A[2]$ 中，……；第 i 步，它把余下的在 $A[i..n]$ 中最小的数选出并放在 $A[i]$ 中。当 $i=n$ 时，排序完成。算法中第 2 行到第 7 行表明该算法是用顺序比较的方法找到 $A[i..n]$ 中最小的数所在的位置 $A[key]$，然后交换 $A[i]$ 和 $A[key]$，该算法显然是正确的。

三、表示算法的方式

表示算法的方式主要有自然语言、流程图、盒图、PAD 图、伪代码和计算机程序设计语言。

（一）自然语言

自然语言是人们日常所用的语言，如汉语、英语、德语等，使用这些语言不用专门训练，所描述的算法自然也通俗易懂。

（二）流程图

流程图是描述算法的常用工具。就简单算法的描述而言，流程图优于其他描述算法的语言。

流程图的基本组件如图 1-1 所示。

算法的入口和出口　　加工、处理　　条件　　控制流　　连接点

图 1-1　流程图的基本组件

以下是流程图的三种基本控制结构的描述。

1. 顺序结构

流程图的顺序结构如图 1-2 所示。

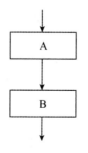

图 1-2　顺序结构

2. 选择结构

if-then-else 型分支如图 1-3 所示；do-case 型多分支如图 1-4 所示。

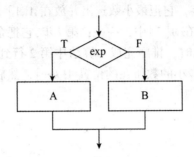

图 1-3　双分支选择结构

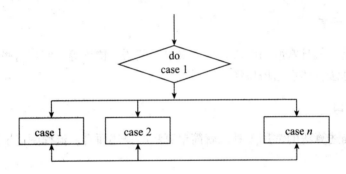

图 1-4　多分支选择结构

3. 循环结构

do-while 型循环如图 1-5 所示；do-until 循环结构如图 1-6 所示。

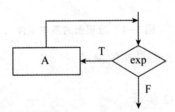

图 1-5　当型循环结构

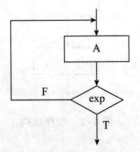

图 1-6　直到型循环结构

算法流程图虽然看起来清晰简单，但是具有一定的局限性，并没有纵观全局，所以说它并不是逐步求精的好工具。而且随意性太强，逻辑不严谨，结构化和层次感都不明显。

（三）盒图

盒图（NS 流程图）基本组件只有三种基本控制结构，因此能强迫算法结构化。盒图的基本控制结构可分为顺序结构、选择结构及循环结构三种。

以下是盒图的三种基本控制结构的描述。

（1）顺序结构。盒图的顺序结构如图 1-7 所示。

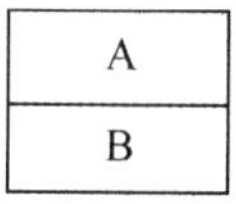

图 1-7　顺序结构

（2）选择结构。盒图的选择结构如图 1-8 和图 1-9 所示。

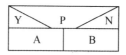

图 1-8　双分支选择结构

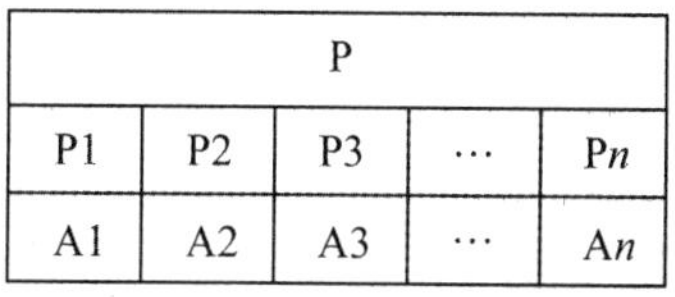

P				
P1	P2	P3	⋯	Pn
A1	A2	A3	⋯	An

图 1-9　多分支选择结构

（3）循环结构。盒图的循环结构如图 1-10 和图 1-11 所示。

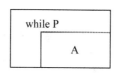

图 1-10　当型循环结构

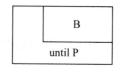

图 1-11　直到型循环结构

（四）PAD 图

问题分析图（Problem Analysis Diagram，PAD）是一个二维树形结构图，层次感强、嵌套明确且有清晰的控制流程，综合了自然语言、流程图、盒图等算法描述方式的优点。

（1）顺序结构。PAD 图的顺序结构如图 1-12 所示。

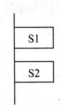

图 1-12　顺序结构

（2）选择结构。PAD 图的选择结构如图 1-13 和图 1-14 所示。

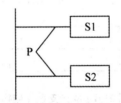

图 1-13　双分支选择结构

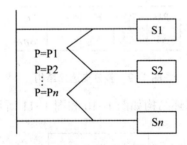

图 1-14　多分支选择结构

（3）循环结构。PAD 图的循环结构如图 1-15 和图 1-16 所示。

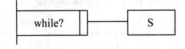

图 1-15　当型循环结构

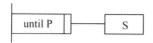

图 1-16　直到型循环结构

图 1-17 是用问题分析图描述的一个算法模块。

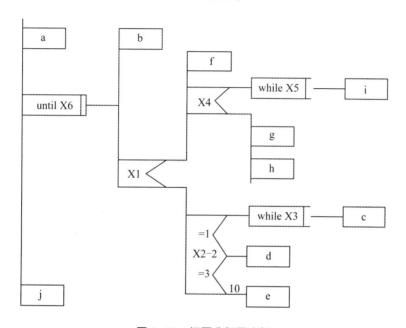

图 1-17　问题分析图实例

PAD 图的优点如下：

（1）使用表示结构化控制结构的 PAD 符号设计出来的算法一定是结构化的，这一点毋庸置疑。

（2）使用 PAD 图对算法进行描绘，结构清晰，一目了然。

（3）使用 PAD 图对算法进行描述，有利于用户的理解与记忆。

（4）很容易将 PAD 图转换成高级程序语言源程序，这种转换可由软件工具自动完成。

（5）不仅可以表示算法逻辑，还可以描绘数据结构。

（6）PAD 图的符号支持自顶向下、逐步求精方法的使用。

PAD 图的缺点：由于 PAD 是用图形符号书写，与其他语言相比，编辑、录入操作不方便。

（五）伪代码

伪代码介于自然语言和计算机语言之间，不用图形符号，可以将整个算法运行过程的结构用接近自然语言的形式描述出来，使被描述的算法可以容易地以任何一种编程语言实现。与程序设计语言相比，使用伪代码对算法进行描述，更便于理解。

（六）计算机程序设计语言

计算机只能识别程序设计语言，因此，使用自然语言、流程图、PAD 图、盒图、伪代码对算法进行描述最终还是要转换为计算机可以识别的程序设计语言。程序设计语言是一种被标准化的交流技巧，用来向计算机发出指令，具有其他语言无法比拟的严谨性。

四、算法的伪码表示

算法的描述不依赖于某一种语言，但又必须用某种语言去描述。我们把这个语言称为伪语言（pseudo language），而用该语言所表达的算法称为伪码（pseudo code）。不同的人可用不同的伪码写算法。本书允许任何含义清楚的伪码，例如【例 1-1】。但是我们应当注意符号的一致性，例如我们用"←"表示赋值，则不要与" = "或" : = "混用。用伪码可以方便我们对算法的描述，有时还可以大大简化描述。例如，【例 1-1】中的算法还可以用【例 1-2】描述。

【例 1-2】

选择排序的另一种描述。

Selection-Sort(A[1 .. n])

```
1.    for( i←1, i≤n, i++ )
2            find j such that A[j] = Min{ A[i], A[i+1], …, A[n] }
3                           % 这里, 符号 Min 表示找出集合中有最小值的元素
4        A[i] ↔ A[j]
5    endfor
6    End
```

显然，这样的伪码大大简化了描述，凸显了思路和方法，且易于分析。伪码应适当加入中文注释，以简洁、准确为原则。

五、基本的数据结构

（一）线性结构

最重要最基本的数据结构是数组和链表。它们的特点是除第一个和最后一个元素外，其余的每个元素都仅有一个直接前驱和一个直接后继，这样组成了一种一对一的顺序结构。

线性表的实现方式有顺序方式和链式方式，顺序方式通常利用数组完成，链式方式通过链表实现。数组通过下标对线性结构进行随机存取，但同时带来的问题是当有元素插入或删除时将会引起大规模的数据移动。链表可以方便地解决数据插入和删除的问题，但是当访问某个元素时只能从头开始顺序查找。

数组和链表都属于一种称为线性列表的抽象数据结构，也是线性列表最主要的两种表现形式。列表是由数据项构成的有限序列，即按照一定的线性顺序排列的数据项集合。使用最多的两种特殊形式是栈和队列。栈是插入和删除操作都只能在栈顶进行的数据结构，

它的特点是后进先出。队列是插入和删除操作分别在队列的两端进行的数据结构，它的特点是先进先出。栈和队列在许多应用问题中被不断地用到，对它们的改进和延伸也非常多。

（二）树结构

树是一种一对多关系的数据结构，表现在父亲节点可以有多个孩子节点，森林是多棵树的组合。树的边数总是比它的顶点数少 1。

树型结构是以分支关系定义的层次结构，它是一种重要的非线性结构。该结构在客观世界中广泛存在，例如人类的家庭族谱、各种社会组织机构、计算机文件管理和信息组织方面都会用到该结构。

树中一个非常重要的特性是树的任意两个节点之间总是恰好存在一条从一个节点到另一个节点的简单路径。树结构多用来描述层次关系，例如，文件目录、组织结构图等。

树的主要应用有状态空间树，在回溯和分支限界章节中将会介绍，这里先不阐述。

树的另一个主要应用是排序树，如二叉查找树、多路查找树等。

（三）图结构

图是一种比线性表和树更为复杂的数据结构。在线性表中，数据元素之间仅存在线性关系，即每个元素只有一个直接前驱和一个直接后继。在树型结构中，元素之间具有明显的层次关系。每一个元素只能和上一层（如果存在的话）的一个元素相关，但可以和下一层的多个元素相关。在图形结构中，元素之间的关系可以是任意的，一个图中任意两个元素都可以相关，即每个元素可以有多个前驱和多个后继。

图结构描述的是一种多对多的关系，具体表现在图结构包括顶点和边两种元素，刻画图结构需要刻画顶点和顶点、顶点和边之间的关系，所以，一般用邻接链表和邻接矩阵等方法进行刻画。根据图中边的方向性，图可以分为有向图和无向图两种。

如果在图的边上加上权值，这个权值可以表示代价，这时的图就称为加权图，加权图可以用改造后的邻接链表或者邻接矩阵表示。

图的主要特性有连通性和无环性，二者都与路径有关。从图的顶点 u 到顶点 v 的路径可以这样定义：它是图中始于 u 止于 v 的邻接顶点序列。如果是无向图，那么从顶点 u 到顶点 v 的路径和从顶点 v 到顶点 u 的路径是相同的，而有向图却不是这样的。图的连通性是指从某指定顶点到另一指定顶点是否有简单路径，如果有，那么这两点是连通的。连通性在实际应用中有很大意义。例如，在修建交通设施的时候考虑不同城市之间的连通性，如果我们短期不可能构造全连通的图，可以设置几个重要的枢纽节点，以构造部分连通。

图的无环性与图的回路有关，图的回路是这样一种路径：它的起点和终点是同一个顶点，并且该路径的长度大于 0，同时每边只能出现一次。实际中，我们绕一圈又回到原点构成回路。在不同情况下，图是否包含回路，对所研究的问题将产生非常重要的影响，许多重要的算法要求图是无环图，因为一旦图有回路，算法将不再收敛，而产生无限循环的结果。上节所说的树结构就是一种无环图。

（四）集合

集合在计算机中一般用序列或者位串表示。序列需要穷举所有的元素，可以采用数组或链表；而位串是用元素个数长的比特串表示元素，如果某元素包含在集合中，则对应的比特位为1，反之则为0。

在计算时，对集合的最多操作就是从集合中查找一个元素、增加一个元素或删除一个元素。能够实现这三种操作的数据结构称为字典。如果处理的是动态内容的查找，那么必须考虑字典的查找效率和增、删效率，在实现上需要平衡二者的效率关系。实现字典时，简单的可以用数组实现，如果追求高效，可以使用散列法和平衡查找树等复杂技术实现。

第二节　算法复杂性分析

一、算法的时间复杂性分析与空间复杂性分析

（一）算法的时间复杂性分析

算法是解决问题的方法。一个问题可以有多种解决方法，不同的算法之间就有了优劣之分。如何对算法进行比较呢？算法可以比较的方面很多，如易读性、健壮性、可维护性、可扩展性等，但这些都不是最关键的方面，算法的核心和灵魂是效率。试想，一个需要运行很多年才能给出正确结果的算法，就算其他方面的性能再好，也是一个不实用的算法。

算法的时间复杂性（time complexity）分析是一种事前分析估算的方法。它是对算法所消耗资源的一种渐进分析方法。渐进分析（asymptotic analysis）是指忽略具体机器、编程语言和编译器的影响，只关注在输入规模增大时算法运行时间的增长趋势。渐进分析的好处是大大降低了算法分析的难度，是从数量级的角度评价算法的效率的。

1. 输入规模与基本语句

撇开与计算机软硬件有关的因素，影响算法时间代价的最主要的因素是输入规模。输入规模（input scale）是指输入量的多少，它可以从问题描述中得到。例如，找出100以内的所有素数，输入规模是100；对一个具有 n 个整数的数组进行排序，输入规模是 n。一个显而易见的事实是：几乎所有的算法，对于规模更大的输入都需要运行更长的时间。例如，需要更多时间来对更大的数组排序，更大的矩阵转置需要更长的时间。所以运行算法所需要的时间 T 是输入规模 n 的函数，记作 $T(n)$。

【例1-3】　对如下顺序查找算法，请找出输入规模和基本语句。

```
int SeqSearch(int A[ ],int n,int k)        % 在数组 A[n]中查找值为 k 的记录
{
    for(int i=0;i<n;i++)
        if(A[i]==k)break;
```

```
        if( i = = n) return 0;                  % 查找失败,返回失败的标志 0
        else return( i+1) ;                      % 查找成功,返回记录的序号
    }
```

解：算法的运行时间主要耗费在循环语句中，循环的执行次数取决于待查找已录个数 n 和待查值 k 在数组中的位置，每执行一次 for 循环，都要执行一次元素比较操作。因此，输入规模是待查找的记录个数 n，基本语句是比较操作($A[i]==k$)。

【例 1-4】 对如下起泡排序算法，请找出输入规模和基本语句。

```
void BubbleSort( int r[ ] , int n)
{
        int bound, exchange = n-1;              % 第一趟起泡顺序的区间是[0,n-1]
        while( exchange! = 0) ,                 % 当上一趟排序区间是[0,bound]
        {
                bound = exchange, exchange = 0;
                for( int j = 0; j<bound; j++)    % 一趟起泡排序区间是[0,bound]
                if( r[ j ]>r[ j+1 ])
                {
                        int temp = r[ j ] ; r[ j ] = r[ j+1 ] ; r[ j+1 ] = temp;   % 交换记录
                        exchange = j;            % 记载每一次记录交换的位置
                }
        }
}
```

解：算法由两层嵌套的循环组成。内层循环的执行次数取决于每一趟待排序区间的长度，也就是待排序记录个数；外层循环的终止条件是在一趟排序过程中没有交换记录的操作，是否有交换记录的操作取决于相邻两个元素的比较结果，即每执行一次 for 循环，都要执行一次比较操作，而交换记录的操作却不一定执行。因此，输入规模是待排序的记录个数 n，基本语句是比较操作($r[j]>r[j+1]$)。

【例 1-5】 下列算法实现将两个升序序列合并成一个升序序列，请找出输入规模和基本语句。

```
void Union( int A[ ] , int n, int B [ ] , int m, int C[ ]) ,% 合并 A[n]和 B[m]
{
    int i = 0, j = 0, k = 0;
    while( i<n&&j<m)
    {
        if( A[ i ]<=B[ j ]) c[ k++ ] = A[ i++ ];     % A[i]与 B[j]中较小者存入 c[k]
        else C[ k++ ] = B[ k++ ];
    }
    while( i<n) C[ k++ ] = A[ k++ ]     % 收尾处理,序列 A 中还有剩余记录
    while( j<m) C[ k++ ] = B[ k++ ]     % 收尾处理,序列 B 中还有剩余记录
}
```

解：算法由三个并列的循环组成，三个循环将序列 A 和 B 扫描一遍，因此，输入规模是两个序列的长度 n 和 m。第一个循环根据比较结果决定执行两个赋值语句中的一个，因此，可以将比较操作（$A[i]<=B[j]$）作为基本语句；第二个循环的基本语句是赋值操作（$C[k++]=A[i++]$）；第三个循环的基本语句是赋值操作（$C[k++]=B[j++]$）。

2. 算法的渐进分析

算法的渐进分析不是从时间量上度量算法的运行效率，而是度量算法运行时间的增长趋势。只考察当输入规模充分大时，算法中基本语句的执行次数在渐近意义下的阶，通常使用大 O（读作大欧）符号表示。

定义 1-1　若存在两个正的常数 c 和 n_0，对于任意 $n>n_0$，都有 $T(n)\leqslant c\times f(n)$，则称 $T(n)=O(f(n))$［或称算法在 $O(f(n))$ 中］。

大 O 符号用来描述增长率的上限，表示 $T(n)$ 的增长最多像 $f(n)$ 增长的那样快，这个上限的阶越低，结果就越有价值。大 O 符号的含义如图 1-18 所示，为了说明这个定义，将问题的输入规模 n 扩展为实数。

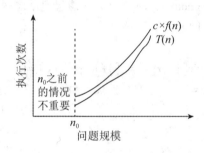

图 1-18　大 O 符号的含义

定义 1-1 表明对于函数 $f(n)$ 来说，可能存在多个函数 $T(n)$，使得 $T(n)=O(f(n))$。换言之，$O(f(n))$ 实际上是一个函数集合，这个函数集合具有同样的增长趋势，$T(n)$ 只是这个集合中的一个函数。而且定义 1-1 给了很大的自由度来选择常量 c 和 n_0 的特定值，例如，下列推导都是合理的。

$$100n+5\leqslant100n+n=101n=O(n)\ (c=101, n_0=5)$$
$$100n+5\leqslant100n+5n=105n=O(n)\ (c=105, n_0=1)$$

【例 1-6】 分析【例 1-5】中合并算法的时间复杂性。

解：假设在退出第一个循环后 i 的值为 n，j 的值为 m'，说明序列 A 处理完毕，第二个循环将不执行，则第一个循环的时间复杂性为 $O(n+m')$，第三个循环的时间复杂性为 $O(m-m')$，因此，算法的时间复杂性为 $O(n+m'+m-m')=O(n+m)$；假设在退出第一个循环后 j 的值为 m，i 的值为 n'，说明序列 B 处理完毕，第三个循环将不执行，则第一个循环的时间复杂性为 $O(n'+m)$，第二个循环的时间复杂性为 $O(n-n')$，因此，算法的时间复杂性为 $O(n'+m+n-n')=O(n+m)$。综上，三个循环将序列 A 和 B 分别扫描一遍，算法的时间复杂性为 $O(n+m)$。

3. 最好、最坏和平均情况

有些算法的时间代价只依赖于问题的输入规模，而与输入的具体数据无关。例如，【例 1-5】的合并算法对于任意两个有序序列，算法的时间复杂性都是 $O(n+m)$。但是，对于某些算法，即使输入规模相同，如果输入数据不同，其时间代价也不相同。

【例1-7】分析【例1-3】中顺序查找算法的时间复杂性。

解：顺序查找从第一个元素开始，依次比较每一个元素，直至找到k，而一旦找到了k，算法也就结束了。如果数组的第一个元素恰好就是k，算法只要比较一个元素就行了，这是最好情况，时间复杂性为$O(1)$；如果数组的最后一个元素是k，算法就要比较n个元素，这是最坏情况，时间复杂性为$O(n)$；如果在数组中查找不同的元素，假设数据是等概率分布的，则$\sum_{i=1}^{n} p_i c_i = \frac{1}{n} \sum_{i=1}^{n} i = \frac{n+1}{2} = O(n)$，即平均要比较大约一半的元素，这是平均情况，时间复杂性和最坏情况同数量级。

最好情况(best case)不能作为算法性能的代表，因为发生的概率太小，对于条件的考虑太乐观了。但是，当最好情况出现的概率较大的时候，应该分析最好情况。

分析最坏情况(worst case)可以知道算法的运行时间最坏能坏到什么程度，这一点在实时系统中尤其重要。

通常需要分析平均情况(average case)的时间代价，特别是算法要处理不同的输入时。但它要求已知输入数据是如何分布的，也就是考虑各种情况发生的概率，然后根据这些概率计算出算法效率的期望值。因此，平均情况分析比最坏情况分析更困难。通常假设是等概率分布，这也是在没有其他额外信息时能够进行的唯一可能假设。

4. 非递归算法的时间复杂性分析

从算法是否递归调用的角度，可以将算法分为非递归算法和递归算法。对非递归算法时间复杂性的分析，关键是建立一个代表算法运行时间的求和表达式，然后用渐进符号表示这个求和表达式。

5. 递归算法的时间复杂性分析

对递归算法时间复杂性的分析，关键是根据递归过程建立递推关系式，然后求解这个递推关系式。扩展递归（extended recursion）是一种常用的求解递推关系式的基本技术，扩展就是将递推关系式中等式右边的项根据递推式进行替换，扩展后的项被再次扩展，依此类推，会得到一个求和表达式，然后就可以借助于求和技术了。

【例1-8】使用扩展递归技术分析下面递推式的时间复杂性。

$$T(n) = \begin{cases} 7 & n = 1 \\ 2T(n/2) + 5n^2 & n > 1 \end{cases}$$

解：为了简单起见，假定$n = 2^k$。将递推式像下面这样扩展：

$$\begin{aligned}
T(n) &= 2T(n) + 5n^2 = 2(2T(n/4) + 5(n/2)^2) + 5n^2 \\
&= 2(2(2T(n/8) + 5(n/5)^2) + 5(n/2)^2) + 5n^2 \\
&\quad \vdots \\
&= 2^k T(1) + 2^{k-1} \times 5\left(\frac{n}{2^{k-1}}\right)^2 + \cdots + 2 \times 5\left(\frac{n}{2}\right)^2 + 5n^2
\end{aligned}$$

最后这个表达式可以使用如下的求和表示：

$$T(n) = 7n + 5\sum_{i=0}^{k-1}\left(\frac{n^2}{2^i}\right)$$

$$= 7n + 5n^2\left(2 - \frac{1}{2^{k-1}}\right)$$

$$= 10n^2 - 3n \leqslant 10n^2 = O(n^2)$$

递归算法实际上是一种分而治之的方法，它把复杂问题分解为若干个简单问题来求解，递归算法通常满足如下通用分治递推式：

$$T(n) = \begin{cases} c & n=1 \\ aT(n/b)+cn^k & n>1 \end{cases}$$

其中，a，b，c 和 k 都是常数。这个递推式描述了大小为 n 的原问题分解为若干个大小为 n/b 的子问题，其中 a 个子问题需要求解，cn^k 是合并各个子问题的解需要的工作量。

定理 1-1　设 $T(n)$ 是一个非递减函数，且满足通用分治递推式，则有如下结果成立：

$$T(n) = \begin{cases} O(n^{\log_b a}) & a > b^k \\ O(n^k \log_b n) & a = b^k \\ O(n^k) & a < b^k \end{cases}$$

证明：下面使用扩展递归技术对通用分治递推式进行推导，并假定 $n = b^m$。

$$T(n) = aT\left(\frac{a}{b}\right) + cn^k = a\left(aT\left(\frac{a}{b^2}\right) + c\left(\frac{n}{b}\right)^k\right) + cn^k$$

$$= a^m T(1) + a^{m-1}c\left(\frac{n}{b^{m-1}}\right)^k + \cdots + ac\left(\frac{n}{b}\right)^k + cn^k$$

$$= c\sum_{i=0}^{m} a^{m-i}\left(\frac{n}{b^{m-i}}\right)^k$$

$$= c\sum_{i=0}^{m} a^{m-i}b^{ik}$$

$$= ca^m \sum_{i=0}^{m} \left(\frac{b^k}{a}\right)^i$$

这个求和是一个几何级数，其值依赖于比率 $r = \dfrac{b^k}{a}$ 等，注意到 $a^m = a^{\log_b n} = n^{\log_b a}$，则有以下三种情况：

(1) $r < 1: \displaystyle\sum_{i=0}^{m} r^i < \frac{1}{1-r}$，由于 $a^m = n^{\log_b a}$，所以，$T(n) = O(n^{\log_b a})$。

(2) $r = 1: \displaystyle\sum_{i=0}^{m} r^i = m + 1 = \log_b n + 1$，由于 $a^m = n^{\log_b a} = n^k$，所以，$T(n) = O(n^k \log_b a)$。

(3) $r > 1: \displaystyle\sum_{i=0}^{m} r^i = \frac{r^{m+1} - 1}{r - 1} = O(r^m)$，所以，$T(n) = O(a^m r^m) = O(b^{km}) = O(n^k)$。

（二）算法的空间复杂性分析

算法在运行过程中所需的存储空间包括：①输入输出数据占用的空间；②算法本身占用的空间；③执行算法需要的辅助空间。

其中，输入/输出数据占用的空间取决于问题，与算法无关；算法本身占用的空间虽然与算法相关，但一般其大小是固定的。算法的空间复杂性（space complexity）是指在算法的执行过程中需要的辅助空间数量，也就是除算法本身和输入输出数据所占用的空间外，算法临时开辟的存储空间，这个辅助空间数量也应该是输入规模的函数，通常记作

$$S(n) = O(f(n))$$

其中，n 为输入规模，分析方法与算法的时间复杂性类似。

【例1-9】分析【例1-4】中起泡排序算法的空间复杂性。

解：起泡排序算法的初始序列和排序结果都在数组 $r[n]$ 中，在排序算法的执行过程中设置了3个简单变量，其中，变量 exchange 记载每趟排序最后一次交换的位置，变量 bound 表示每趟排序的待排序区间，变量 temp 作为交换记录的临时单元，因此，算法的空间复杂性为 $O(l)$。

如果算法所需的辅助空间相对于问题的输入规模来说是一个常数，我们称此算法为原地（或就地）工作。起泡排序算法属于就地排序。

【例1-10】分析【例1-5】中合并算法的空间复杂性。

解：在合并算法的执行过程中，可能会破坏原来的有序序列，因此，合并不能就地进行，需要将合并结果存入另外一个数组中。设序列 A 的长度为 n，序列 B 的长度为 m，则合并后的有序序列的长度为 $n+m$，因此，算法的空间复杂性为 $O(n+m)$。

二、算法的渐进符号

定义1-2 ［大 O］ 函数 $f(n) = O(g(n))$，当且仅当存在正常数 c 和 n_0，使得 $f(n) \leq c * g(c)$ 对于所有 n，$n \geq n_0$ 都成立。

定理1-2 对于多项式函数 $f(n)$，给出一个跟 $f(n)$ 的次数相关的非常有用的结论。

定理1-3 如果 $f(n) = a_m n^m + \cdots + a_1 n + a_0$，那么 $f(n) = O(n^m)$。

证明：

$$f(n) \leq \sum_{i=0}^{m} |a_i| n^i$$

$$\leq n^m \sum_{i=0}^{m} |a_i| n^{i-m}$$

$$\leq n^m \sum_{i=0}^{m} |a_i|$$

因此，$f(n) = O(n^m)$（假设给定 m）。

定义1-3 ［Ω］ 函数 $f(n) = Q(g(n))$，当且仅当存在正常数 c 和 n_0，使得 $f(n) \geq c * g(c)$ 对于所有 n，$n \geq n_0$ 都成立。

定理1-4 是定理1-3在 Ω 情况下的类似结论。

定理1-4 如果 $f(n) = a_m n^m + \cdots + a_1 n + a_0$，并且 $a_m > 0$，那么 $f(n) = O(n^m)$。

证明：略。

定义1-4 ［Θ］函数 $f(n) = \Theta(g(n))$，当且仅当存在正常数 c_1、c_2 和 n_0，使得 $c_1 g(c) \leq f(n) \leq c_2 g(c)$ 对于所有 n（$n \geq n_0$）都成立。

三、算法分析实例

(一) 非递归算法分析

1. 仅依赖于问题规模的时间复杂度

有一类简单的问题,其操作具有普遍性,即对所有的数据均等价地进行处理,这类算法的时间复杂度比较容易分析。

【例 1-11】交换 i 和 j 的内容。

temp = i;

i = j;

j = temp;

以上三条单个语句的频度均为 1,该算法段的执行时间是一个与问题规模 n 无关的常数。算法的时间复杂度为常数阶,记作 $T(n) = O(1)$。

如果算法的执行时间不是随着问题规模 n 的增加而增长,即使算法中有上千条语句,其执行时间也不过是一个较大的常数。此类算法的时间复杂度是 $O(1)$。

【例 1-12】循环次数直接依赖规模 n。

x = 0; y = 0;

for(k = 1; k <= n; k = k+1)

x = x+1;

for(i = 1; i <= n; i = i+1)

for(j = 1; j <= n; j = j+1)

y = y+1;

以上算法段中频度最大的语句是"y = y+1;",其频度 $f(n) = n^2$,所以,该段算法的时间复杂度为 $T(n) = O(n^2)$。

当有若干个循环语句时,算法的时间复杂度是由嵌套层数最多的循环语句中最内层语句的频度 $f(n)$ 决定的。

【例 1-13】循环次数间接依赖规模 n。

x = 1;

for(i = 1; i <= n; i = i+1)

for(j = 1; j <= i; j = j+1)

for(k = 1; k <= j; k = k+1)

x = x+1;

上述算法段中频度最大的语句是最内层的循环体"x = x+1",可以从内向外逐层计算语句"x = x+1"的执行次数:

$$\sum_{i=1}^{n}\sum_{j=1}^{i}\sum_{k=1}^{j}1 = \sum_{i=1}^{n}\sum_{j=1}^{i}j = \sum_{i=1}^{n}i(i+1)/2$$
$$= [n(n+1)(2n+1)/6 + n(n+1)/2]/2$$

则该算法段的时间复杂度为 $T(n) = O(n^3/6) = O(n^3)$。

【例1-14】循环次数不是规模的多项式形式。

i=1；

while(i<=n)

i=i*2；

设以上循环的次数为 k，则 $2k=n$，所以循环的次数为 $\log_2 n$。算法的时间复杂度为 $O(\log_2 n)$。

2. 与输入实例的初始状态有关

大部分算法的时间复杂度不仅仅依赖于问题的规模，还与输入实例的初始状态有关。换言之，算法中对要处理的数据是不等价的，不同的数据会进行不同的处理。这类算法的时间复杂度的分析就比较复杂，一般将最好情况、最坏情况和平均情况分别进行讨论。

【例1-15】在 YI 组数据中查找给定值 k 的算法如下（数据存储在数组 $[0\cdots n-1]$ 中）。

（1）i=n-1；

（2）while(i>=0 and a[i]<>k)；

（3）i=i-1；

（4）return i。

此算法中把循环语句（2）中的比较操作 "$a[i]<>k$" 作为讨论算法复杂度的主要操作。这是因为，虽然算法是针对一般数组，但实际的查找操作一定是针对结构体数组进行的，这时比较操作远比 "$i=i-1$" 操作复杂。

此算法的频度不仅与问题规模 n 有关，还与输入实例中 A 的各元素取值及 k 的取值有关。

（1）若 A 中没有与 k 相等的元素，则语句（2）的频度 $f(n)=n$，这是最坏情况。

（2）若 A 的最后一个元素等于 k，则语句（2）的频度 $f(n)$ 是常数 1，这是最好情况。

在求成功查找的平均情况时，一般地假设查找每个元素的概率 P 是相同的，则算法的平均复杂度为：

$$\sum_{i=n-1}^{0} P_i(n-i) = \frac{1}{n}(1+2+3+\cdots+n) = \frac{n+1}{2} = O(n)$$

若对于查找每个元素的概率 P 不相同时，其算法复杂度一般只能做近似分析。

（二）递归算法分析

1. 进一步认识递归

（1）执行过程。

在程序设计语言的学习中已经了解了递归算法的执行过程，为了更好地学习递归算法，应结合数据结构，深入地了解递归算法的执行过程，以便对其进行分析。

为此通过一个简单的例子来说明。

【例1-16】求 $n!$。

这是一个简单的"累乘"问题，用递归算法也能解决它，由中学知识可知：

n！=n×(n-1)！　　　n>1

$0!=1,1!=1 \qquad n=0,1$

因此,递归算法如下:

```
fact( int n)
{
if( n=0 or n=1)
return( 1) ;
else
return( n * fact( n-1) ) ;
}
```

递归算法在运行中不断调用自身,因参数不同,可把每次调用看成是在调用不同的算法模块。

以 $n=3$ 为例,看一下以上算法是怎样执行的? 运行过程如下:

fact(3) ——fact(2) ——fact(1) ——fact(2) ——fact(3)

<u>　　　递归　　　　　　　　　　　　回溯　　　</u>

递归调用是一个降低规模的过程,当规模降为 1,即递归到 fact(1) 时,满足停止条件停止递归,开始回溯(返回调用算法)并计算,从 fact(1)-1 返回到 fact(2);计算 2 * fact(1)=2 返回到 fact(3);计算 3 * fact(2)=6,结束递归。和一般算法调用一样,算法的起始模块通常也是终止模块。

通过参数值将"同一个模块"的"不同次运行"进行区别后,递归函数的执行过程还是很好理解的,要学会这种方法,有助于理解抽象的递归算法。

(2)递归调用的几种形式。

以上例题是最简单的递归调用形式,一般递归调用有以下几种形式(其中 a_1、a_2、b_1、b_2、k_1、k_2 为常数):

直接简单递归调用 $f(n) \{\cdots a_1 * f(n-k_1) /b_1 \cdots\}$

直接复杂递归调用 $f(n) \{\cdots a_1 * f((n-k_1) /b_1) ;a_2 * f((n-k_2) /b_2) \cdots\}$;

间接递归调用 $\begin{array}{l} f(n) \{\cdots a_1 * g(n-k_1) /b_1 \cdots\} \\ g(n) \{\cdots a_1 * f(n-k_2) /b_2 \cdots\} \end{array}$

(3)实现机理简介。

在讲解运行过程时,为便于理解,把不同次递归调用看作调用不同的模块,但事实上,每次递归调用的确是同一个算法模块。学过计算机原理或操作系统的读者明白,每一次递归调用,都用一个特殊的数据结构"栈"记录当前算法的执行状态,特别地设置地址栈,用来记录当前算法的执行位置,以备回溯时正常返回。递归模块中的形式参数和局部变量虽然是定义为简单变量,每次递归调用得到的值都是不同的,它们也是由"栈"来存储的。

2. 递归算法效率分析方法

递归算法的分析方法比较多,这里只介绍比较好理解且常用的方法——迭代法。

迭代法的基本步骤是先将递归算法简化为对应的递归方程,然后通过反复迭代,将递归方程的右端变换成一个级数,最后求级数的和,再估计和的渐近阶;或者,不求级数的和而直接估计级数的渐近阶，从而达到对递归方程解的渐近阶的估计。

递归方程具体就是利用递归算法中的递归关系写出递归方程，迭代地展开右端，使之成为一个非递归的和式，然后通过对和式的估计来达到对方程左端即方程的解的估计。

以求 $n!$ 为例，算法的递归方程为：

$$T(n) = T(n-1) + O(1)$$

其中，$O(1)$ 为一次乘法操作，迭代求解过程如下：

$$
\begin{aligned}
T(n) &= T(n-2) + O(1) + O(1) \\
&= T(n-3) + O(1) + O(1) + O(1) \\
&\quad\vdots \\
&= O(1) + \cdots + O(1)O(1)O(1) \\
&= n \times O(1) \\
&= O(n)
\end{aligned}
$$

这是一个简单的例子，下面看一个较复杂的例子。

抽象地考虑以下递归方程，且假设 $n = 2^k$，则迭代求解过程如下：

$$
\begin{aligned}
T(n) &= 2T\left(\frac{n}{2}\right) + 2 \\
&= 2\left(2T\left(\frac{n}{2^2}\right) + 2\right) + 2 \\
&= 4T\left(\frac{n}{2^2}\right) + 4 + 2 \\
&= 4\left(2T\left(\frac{n}{2^3}\right) + 2\right) + 4 + 2 \\
&\quad\vdots \\
&= 2^{k-1} \cdot T\left(\frac{n}{2^{k-1}}\right) + \sum_{i=1}^{k-1} 2^i \\
&= 2^{k-1} + (2^k - 2) \\
&= \frac{3}{2} \cdot 2^k - 2 \\
&= \frac{3}{2} \cdot n - 2 \\
&= O(n)
\end{aligned}
$$

虽然以上两个例子的时间复杂性都是线性的，但并不等于所有递归算法的时间复杂性都是线性的。

（三）提高算法质量

在设计算法时，要在满足正确性、可靠性、稳健性、可读性等质量因素的前提下，再设法提高算法的效率。

先请大家说明下面一组操作的功能：

$a = a + b;\ b = a - b;\ a = a - b$

相信如果不做认真的分析、理解，很难明白，它们的功能与以下一组操作是等价的：

$t=a$；$a=b$；$b=t$

对于一个不可读的算法，其可靠性、稳健性是难以保证的。下面给出一些关于算法质量方面原则上的建议。

1. 保证正确性、可靠性、稳健性、可读性

（1）当心那些在视觉上不易分辨的操作符发生书写错误。把符号"<="与"<"、">="与">"混淆，很容易发生"多或少循环1次"的失误。

（2）要注意算法中的表达式，它们有可能在计算时发生上溢或下溢，或作为数组的下标值出现越界的情况……不要留到算法实现时再考虑相关的问题。

（3）为了保证算法实现的正确性，算法中的变量在被引用前，一定要有确切的含义，或者是被赋过值，或者是作为形式参数经模块接口得到传递的信息。

（4）注意算法中循环体或条件体的位置。有的初学者在使用"缩进格式"表示了操作的嵌套关系后，忽略了语句块的符号"｛｝"，这将为算法实现留下隐患。

2. 提高效率

（1）在优化算法的效率时，应当先找出限制效率的"瓶颈"，不要在无关紧要之处优化。

（2）时间效率和空间效率对立时，应做出适当的折中。例如，可以多花费一些内存来提高算法的时间性能。

（3）递归算法结构清晰简洁，它能使一个蕴含递归关系且结构复杂的算法简洁精练，增加可读性。

（4）可以考虑先选取合适的数据结构，再优化算法。

（5）另外，还有一些细节上的问题也应引起大家注意，如乘、除运算的效率比加、减法运算低。例如，$2*y$ 与 $y+y$ 等价，但后一个运算更快；而 $y=a*x*x*x+b*x*x+c*x+q-d$ 要比 $y=((a*x+b)*x+c)*+d$ 的效率低。又如：在循环体中若频繁使用同一个数组元素 $A[i]$，应该在进行赋值操作 $m=A[i]$ 之后对 $A[i]$ 的引用就用 m 代替，这样就避免了系统计算数组元素地址的过程。

有关提高效率的细节这里就不多列举了，根据前期学习的编译原理、计算机原理、操作系统等知识，相信大家已知道从哪些方面着手了。有的读者也许对这些细节不以为然，但是在处理数据量较大的问题时，这些细节不能轻视。

第三节　问题复杂度与算法复杂度关系探索

当为某一问题设计算法时，我们总是追求最好的复杂度。但是，怎样才能知道已达到最佳呢？我们必须考虑问题的复杂度。这一节简单介绍问题复杂度和算法复杂度的关系。

一、问题复杂度是算法复杂度的下界

问题的复杂度就是任一个解决该问题的算法所必需的运算次数。例如，任何一个用比

较大小的办法将 n 个数排序的算法需要至少 $\lg n!$ 次比较才行。那么，$\lg n!$ 就是（基于比较的）排序问题的复杂度。因为没有一个算法可以用少于 $\lg n!$ 次比较解决排序问题，$\lg n!$ 就成了算法复杂度的下界。通常我们使用的是在大 Ω 意义下的下界，即任一比较排序算法的复杂度必定为 $\Omega(\lg n!)=\Omega(n\lg n!)$。所以，如果可以证明某个问题至少需要 $\Omega(g(n))$ 运算次数，那么 $\Omega(g(n))$ 就是所有解决该问题的算法的复杂度的下界。

反之，如果某一算法的复杂度是 $O(f(n))$，那么它所解决的问题的复杂度不会超过 $O(f(n))$。因此任一算法的复杂度也是其所解决的问题的复杂度的上界。通常在已知的某问题的复杂度下界和该问题最好算法的复杂度之间存在距离，算法工作者的任务就是努力寻找更好的下界或更优的上界。找出问题的复杂度，即找出其算法的下界，是一项重要的工作，因为它可以告诉我们是否还有改进当前算法的余地。

二、问题复杂度与最佳算法

如果一个排序算法的复杂度是 $O(\lg n!)$，那么这个算法称为是（渐近）最佳的。当然，如果一个排序算法正好需要 $[\lg n!]$ 次比较，它就是一个绝对最佳的算法。显然，找到一个绝对最佳的算法通常非常困难，因而最佳算法一般是指渐近最佳。当某算法的复杂度与所解问题的下界（渐近）吻合时，该算法是一个（渐近）最优的算法。

三、易处理问题和难处理问题

如果某一算法的复杂度是超多项式的，那么这个算法基本上是没有用处的，因为它需要的时间太长。如果一个问题的复杂度本身就是超多项式的，则称为难处理问题（intractable）。反之，称为易处理问题（tractable）。如果一个问题是难处理问题，那么我们只能依赖近似算法或启发式算法来解决。判断一个问题是易处理还是难处理似乎比找到该问题的复杂度容易，因为找到了复杂度就可以判断该问题是易处理还是难处理。可是，有相当多的问题看似简单，判断却十分困难。这样一类问题称为 NP 完全问题。

现在人们知道的是，如果任何一个 NP 完全问题被证明有超多项式下界，那么所有这类问题都有超多项式下界。反之，如果任何一个 NP 完全问题可以在多项式时间内解决，则所有 NP 完全问题都可以有多项式算法去解。但是，到目前为止，没有人能对任何一个 NP 完全问题给出多项式算法或证明它只能有超多项式算法，这就是著名的 P = NP 或 P ≠ NP 的猜想问题。

第二章　计算机神经网络算法与应用

随着计算机神经网络规模的日益扩大，其算法越来越复杂。神经网络的算法与应用成为人们关注的焦点。本章主要从神经网络的基本概念入手，对神经网络的算法和具体应用进行分析和讨论。

第一节　神经网络概述

一、神经网络简介

"神经网络"这个词实际是来自于生物学中的脑神经元学说，而我们通常所说的神经网络是指"人工神经网络"（Artificial Neural Networks，ANN），是一种模仿动物神经网络行为特征，进行分布式并行信息处理算法的数学模型。这种网络依靠系统的复杂程度，通过调整内部大量节点之间相互连接的关系，从而达到处理信息的目的。神经网络具有自学习和自适应的能力，可以通过预先提供的一批相互对应的输入、输出数据，分析掌握两者之间潜在的规律，最终根据这些规律，用新的输入数据来推算输出结果，这种学习分析的过程被称为"训练"。

1943 年，心理学家 W. S. McCulloch 和数理逻辑学家 W. Pitts 建立了神经网络和数学模型，当时称为 MP 模型。1949 年，心理学家 W. S. McCulloch 提出了突触联系强度可变的设想。到 20 世纪 60 年代，神经网络得到了进一步发展，更完善的神经网络模型被提出，其中包括感知器和自适应线性元件等。1982 年，美国加州工学院物理学家 J. J. Hopfield 提出了 Hopfield 神经网格模型，引入"计算能量"概念，给出网络稳定性判断。1984 年，他又提出了连续时间 Hopfield 神经网络模型，为神经计算机的研究做了开拓性的工作，开创了神经网络用于联想记忆和优化计算的新途径，有力地推动了神经网络的发展。1985 年，有学者提出了波耳兹曼模型，在学习中采用统计热力学模拟退火技术，保证整个系统趋于全局稳定点。1986 年有学者对神经网络提出了并行分布处理的理论。20 世纪 80 年代后期到 90 年代初，神经网络系统理论形成了发展的热点，多种模型，算法和应用被提出，完善了神经网络的发展。

近些年来，科学家们提出了多种具备不同信息处理能力的神经网络模型。迄今为止，神经网络的研究大体上可以分为三个大方向：

（1）探求人脑神经系统的生物结构和机制，这实际上是神经网络理论发展的初衷。

（2）用微电子学或光学器件形成特殊功能网络，这主要是新一代计算机制造领域所关注的问题。

（3）将神经网络理论作为一种解决某些问题的手段和方法，这类问题在利用传统方法无法解决，或者在具体处理技术上尚存困难时有很好的效果。

二、神经网络的构造

可以说人工神经网络是受自然启发的结构，它和人脑有很多相似之处。图 2-1 展示了一个自然神经元结构，它由神经元细胞核、树突和轴突组成，轴突分出很多分支来与其他神经元的树突相连而形成突触。

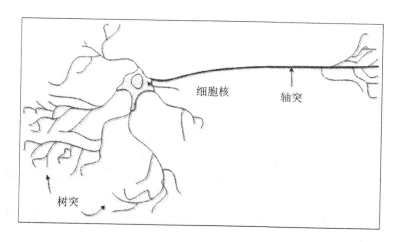

图 2-1　自然神经元结构

所以，人工神经元有相似的结构，它也包含一个核（处理单元）、多个树突（类似于输入）以及一个轴突（类似于输出），如图 2-2 所示。

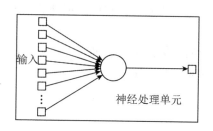

图 2-2　人工神经元的结构

在所谓的神经网络中，神经元之间的连接类似于自然神经结构中的突触。

（一）人工神经元

自然神经元被证实为一个信号处理器。这是由于它可以在树突端接收微信号，根据信号的强度或者大小，会在轴突触发一个信号。我们可以认为神经元在输入端有一个信号接收器，在输出端有一个响应单元，它可以根据不同的强度和量级触发一个可以向前传递至其他神经元的信号。

需要注意的是，在自然神经元中，有一个阈值（threshold）。当刺激达到这个阈值时，就会产生神经冲动并沿着轴突把信号传递到其他神经元。我们用激活函数来模拟这种神经冲动，在表示神经元的非线性行为中，这是很有用的。

（二）激活函数

神经元的输出是通过激活函数得到的，激活函数为神经网络处理加入了非线性特征。由于自然神经元具有非线性行为，所以非线性特征是非常必要的。激活函数往往把输出信号限制在一定范围内，因此，激活函数常常是非线性函数，但是在一些特殊情况下，也可能是线性函数。

如下是四种最常用的激活函数：

（1）S 函数（Sigmoid）；

（2）双曲正切函数（Hyperbolic tangent）；

（3）阈值函数（Hard limiting threshold）；

（4）纯线性函数（Purely linear）。

（三）基础值——权值

在神经网络中，权值代表着神经元之间的连接并且它可以放大或减小神经元信号，例如扩大信号从而改变信号。因此，通过改变神经网络信号，神经系统权值有能力影响神经元的输出信号，所以一个神经元的激活依赖于输入和相应的权值。

倘若输入信号来自其他神经元或外界，那么权值可以认为是在神经元之间建立的神经网络连接。由于权值是神经网络的内部因素并且可以影响它的输出，我们可以把权值当成神经网络的知识，只要更改了权值，就会改变神经网络的功能和相应动作。

（四）重要参数——偏置

人工神经元可以拥有一个独立的元素，它可以把外部信号添加到激活函数，这个独立的元素被称为偏置。

就像输入信号有一个对应的权值，偏置也拥有一个对应的权值，这个特性可以使神经网络知识表示成一个更纯粹的非线性系统。

（五）神经网络组件——层

自然神经元以层的方式组织，每一层都有自己的处理方式，例如输入层接受外界直接刺激，输出层产生可以影响外界的神经冲动。在这些层之间，有很多隐藏层，意味着它们不会和外界直接产生相互影响。

神经网络由多个相连接的层组成，形成多层网络。这些神经系统层可以分成以下 3 种基本类型：输入层、隐藏层和输出层。

实际上，接受外界刺激的抽象神经系统层可以作为一个附加层，以此来增强神经网络对更加复杂的知识的表现力。

三、神经网络的特点

神经网络采用物理上可实现的器件或采用计算机来模拟生物体中神经网络的某些结果和功能，并应用于工程领域。它主要有以下几个特点：

（1）神经网络在结构上与目前的计算机有区别，它是由很多小的处理单元互相连接而成的，每个处理单元的功能简单，大量简单的处理单元进行集体的、并行的活动得到预期的识别、计算的结果，具有很快的速度。这使得神经网络能很好地应用在并行计算机上进行计算，可以很大的提升计算的速度。

（2）神经网络具有非常强的容错性，即局部的或部分的神经元损坏后，不会对全局的活动造成很大的影响。如果神经网络中某一部分被破坏，网络的整体性能在某种程度上来说会有所下降，但是这并不妨碍它完成工作，神经网络依然起作用。即使最主要的网络部分受到破坏也不会造成整个网络整体功能的彻底丧失。

（3）神经网络记忆信息是存储在神经元之间的连接权值上，从单个权值中看不出存储信息的内容，因而是分布式的存储方式。

（4）神经网络的学习功能十分强大，它的连接权值和连接的结构都可以通过学习得到。例如在实现图像识别时，先把许多不同的图像样板和对应的识别结果输入人工神经网络，网络就会通过自学习功能，慢慢学会识别类似的图像。自学习功能对于预测有特别重要的意义。预期未来的神经网络计算机将为人类提供经济预测、市场预测和效益预测，其应用前途是很远大的。

人工神经网络的以下几个突出的优点使它近年来引起人们的极大关注：

第一，可以充分逼近任意复杂的非线性关系。如 BP 神经网络具有极强的映射能力，映射存在定理证明：具有一个隐层的三层 BP 网络能够以要求的精度逼近任意复杂的映射。

第二，所有定量或定性的信息都等势分布储存于网络内的各神经元中，故有很强的鲁棒性和容错性。对于前向无反馈神经网络而言，神经网络的鲁棒性是指当输入信息或神经网络发生有限摄动时，神经网络仍能保持正常的输入—输出关系的特性；对于反馈神经网络而言，神经网络的鲁棒性是指当输入信息或神经网络发生有限摄动时，神经网络仍能保持稳定的输入—输出关系的特性。

第三，采用并行分布处理方法，使得快速进行大量运算成为可能。神经网络的一个很大的优点是很容易在并行计算机上实现，可以把神经的节点分配到不同的 CPU 上并行计算。钱艺等提出了一种神经网络并行处理器的体系结构，能以较高的并行度实现典型的前馈网络如 BP 网络和典型的反馈网络（如 Hopfield 网络）的算法。该算法以 SIMD（Single Instruction Multiple Data）为主要计算结构，结合这两种网络算法的特点设计了一维脉动阵列和全连通的互连网络，能够方便灵活地实现处理单元之间的数据共享。

第四，能够同时处理定量、定性知识。

四、神经网络结构

一般来说，神经网络含有不同的结构，这取决于神经元或者神经元层之间的连接方式。每一种神经网络结构都针对特定问题。神经网络可以用来处理很多问题，我们根据问题的不同特征来设计神经网络结构，可以更有效地处理这个问题。

主要有两类神经网络结构模型：神经元连接和信号流。神经元连接包括单层神经网络和多层神经网络。信号流包括前馈神经网络和反馈神经网络。

（一）单层神经网络

在单层神经网络结构中，所有的神经元位于相同层，形成一个单一层。神经网络接收输入信号并将其传递给神经元，然后神经元产生输出信号。神经元之间的连接可以是重复的，也可以是不重复的。这种结构可用于单层感知机、自适应机、自组织映射、Elman 网络和 Hopfield 神经网络。

（二）多层神经网络

对于多层神经网络，神经元被分成多个神经元层，每一层对应一个共享相同输入数据的并行神经元结构，如图 2-3 所示。

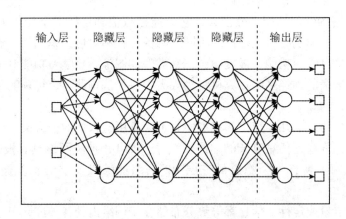

图 2-3 多层神经网络结构

径向基函数和多层感知机是多层神经网络结构典型的实例，这种网络结构非常适合用于逼近函数所表示的真实数据。

此外，由于多层神经网络结构含有多个处理层，它比较适合于训练一组非线性数据，然后可以区分数据或更简单地确认数据复制或数据识别的知识。

（三）前馈神经网络

神经网络中的信号流可以是单向的，也可以是循环的。在第一种情况下，我们把这种神经网络结构称为前馈神经网络，从输入信号进入输入层到信号被处理后，信号都是向前传递到下一层的。多层感知机和径向基函数同样是前馈神经网络很好的实例。

（四）反馈神经网络

当神经网络中出现一些内部递归回路时，即信号在经过处理之后又被传回到接收和处理过该信号的神经元或神经元层，这种网络就是反馈型网络。

在神经网络中添加递归回路的理由是引入动态行为，特别是在处理涉及时间序列或模式识别的时候，这就需要一个内部存储来增强学习过程。但是，这种神经网络的训练是特别艰难的，最终可能训练失败。大多数递归神经网络是单层的（例如 Elman 网络和 Hopfield 神经网络），但是也可以创建递归多层神经网络（例如 echo 和递归多层感知机网络）。

五、实践神经网络

这里将会用 Java 编程语言来实现一个神经网络的整个过程。Java 于 20 世纪 90 年代由太阳微系统公司（Sun Microsystems）的工程师发明，是一种面向对象的编程语言，其所有权于 2010 年被甲骨文公司（Oracle）获得。如今，Java 运行在许多设备中，这些设备已成为我们日常生活的一部分。

在 Java 等面向对象语言中，我们同类和对象打交道。类是真实世界中某些事物的模板，而对象则是这种模板对应的实例，有点像汽车（代表所有以及各种车的类）和我的汽车（代表某辆特定的车）。Java 类往往由属性和方法（或者函数）构成，它包含了面向对象编程（Object-Oriented Programming，OOP）的概念。在这个过程中，需要了解四个相关概念。

（1）抽象：将真实世界的问题或者规律转录到某个计算机编程领域，只考虑其相关特征而忽略那些经常阻碍发展的细节。

（2）封装：类似于由一些公开披露的特性所组成的产品包装（public 方法），然而其他方法被隐藏在它们的域中（private 或者 protected 方法），这样可以避免误用信息或者滥用信息。

（3）继承：在真实世界中，多个类的对象可以以一种分层的方式共用属性和方法；例如，某种交通工具可以是汽车和卡车的父类。所以，在面向对象编程中，这个概念允许一个类继承另一个类的所有属性，从而避免了代码的改写。

（4）多态：和继承几乎一样，但是区别在于不同的类中相同签名的方法可以呈现出不同的行为。

根据神经网络和面向对象编程的概念，我们接下来将设计第一个实现神经网络的类集。神经网络包含层、神经元、权值、激活函数和偏置，层的类型主要有 3 种：输入层、隐藏层和输出层。每一层包含一个或者多个神经元。每个神经元都被连接到某个神经输入/输出或者另一个神经元，这些连接称为权值。

要特别强调一点，神经网络可以有许多隐藏层，也可以一个都没有，每一层的神经元数量也会变化。但是，输入和输出层的神经元数量分别与神经输入和神经输出的数量相等。

OOP 语言的一个优势是易于在统一建模语言（UML）中用文档来表现程序。UML 类图以一种简单而直观的方法展现了类、属性、方法和不同的类之间的关系，这样就能帮助程序员及其利益相关者将整个项目作为一个整体来理解。

现在，应用这些类得到一些结果。下面展示的代码有一个测试类、一个 main 方法和一个名为 n 的 NeuralNet 类的对象。当这个方法被调用（通过类执行时），它会从对象 n 中调用 initNet( ) 和 printNet( ) 方法，生成如图 2-4 所示的结果。它表示了一个神经网络，输入层有两个神经元，隐藏层有三个神经元，输出层有一个神经元：

```java
public class NeuralNetTest{
    public static void main(String[ ]args){
    NeuralNet n=new NeuralNet( );
    n. initNet( );
    n. printNet( );
    }
}
```

需要记住的是每次运行代码，会生成相应的新的伪随机权值。所以，当运行这段代码时，其他值将会出现在控制台中，如图 2-4 所示。

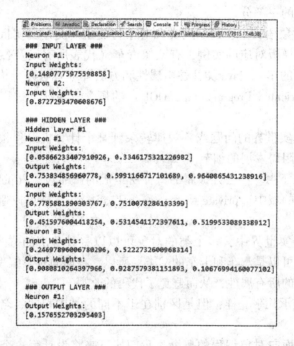

图 2-4　应用类的结果图

第二节　神经网络感知机

一、感知机神经网络

感知机是最简单的神经网络，1957 年由 Frank Rosenblatt 提出。它仅有一层神经元，接收一系列输入并产生一系列输出。这是最早获得关注的神经网络形式之一，特别是它的简洁性。

（一）感知机的应用和局限性

感知机神经网络由于其结构简单只能处理简单的分类任务，通常在面对更加复杂的数据集时便很难应对。AND（逻辑与）的例子，能够很好地理解这个问题。

（二）线性分离

AND（逻辑与）的例子包含了一个（AND）函数，它接收两个输入 x_1 和 x_2。接下来，分析神经网络是如何使用感知机规则在训练过程中不断进化的。在表 2-1 中，一个权值对：w_1 和 w_2，初始化为 0.5，偏置为 0.5。假设学习率 $\eta = 0.2$。

表2-1 神经网络使用感知机规则在训练过程中的变化

Epoch	x_1	x2	w_1	w2	b	y	t	E	Δw_1	Δw_2	Δb
1	0	0	0.5	0.5	0.5	0.5	0	-0.5	0	0	-0.1
1	0	1	0.5	0.5	0.4	0.9	0	-0.9	0	-0.18	-0.18
1	1	0	0.5	0.32	0.22	0.72	0	-0.72	-0.144	0	-0.144
1	1	1	0.356	0.32	0.076	0.752	1	0.248	0.0496	0.0496	0.0496
2	0	0	0.406	0.370	0.126	0.126	0	-0.126	0.000	0.000	-0.025
2	0	1	0.406	0.370	0.100	0.470	0	-0.470	0.000	-0.094	-0.094
2	1	0	0.406	0.276	0.006	0.412	0	-0.412	-0.082	0.000	-0.082
2	1	1	0.323	0.276	-0.076	0.523	1	0.477	0.095	0.095	0.095
…	…										
89	0	0	0.625	0.562	-0.312	-0.312	0	0.312	0	0	0.062
89	0	1	0.625	0.562	-0.25	0.313	0	-0.313	0	-0.063	-0.063
89	1	0	0.625	0.500	-0.312	0.313	0	-0.313	-0.063	0	-0.063
89	1	1	0.625	0.500	-0.375	0.687	1	0.313	0.063	0.063	0.063

在第 89 次迭代后，我们发现神经网络产生的值趋近于期望输出。这是由于在这个例子中，输出值是二值化（0 或 1）的，我们可以假设神经网络产生的任何小于 0.5 的值都认为是 0，任何大于 0.5 的值都认为是 1。所以，我们可以用由学习算法得到的最终参数 $w_1 = 0.562$，$w_2 = 0.5$ 和 $b = -0.375$ 确定函数 $Y = x_1 w_1 + x_2 w_2 + b = 0.5$ 来定义这个线性边界。

这个边界是对由神经网络得到的所有分类的定义。这个边界是线性的，因为函数是线性的。因此，感知机网络特别适合那些线性可分的分类模式。

二、流行的多层感知机（MLP）

（一）MLP 属性

多层感知机可以拥有任意数量的层，以及每一层拥有任意数量的神经元，每一层的激活函数可以不同。MLP 网络至少由两层组成：一层是输出层，另一层是隐藏层。

隐藏层之所以被称为隐藏层，是因为它确实是对外部世界"隐藏"了它的输出。隐藏层可以以任意数量串联而成，因而形成了深度神经网络。但是神经网络层越多，训练和运行就越慢，并且根据数据理论基础，一到两个隐藏层的神经网络可以训练得像那些有很多隐藏层的深度神经网络。

（二）MLP 权值

在一个 MLP 前馈网络中，某个神经元 i 从前一层的神经元 j 接收数据，并向前传播它的输出到下一层的神经元 k。

理论上的 MLP 应该是部分连接或者是全连接。部分连接意味着这一层的神经元并不是都与下一层的每一个神经元相连接，而全连接意味着这一层的神经元与下一层的每一个神经元相连。

为了简化数学理论，我们只考虑全连接 MLP，这可以用下面的数学等式描述：

$$y_o = f_o\Big(\sum_{i=1}^{n_{h_l}} w_i f_i\Big(\sum_{j=1}^{n_{h_{l-1}}} w_i f_i\Big(\sum_{k=1}^{n_{h_{l-2}}} w_{jk} f_k(\cdots) + b_j\Big) + b_i\Big) + b_o\Big)$$

式中，y_o 为神经网络的输出（如果我们有多个输出，我们可以用 Y 来代替 y_o 来表示一个向量）；f_o 为输出的激活函数；l 为隐藏层的数量；n_{hi} 为隐藏层 i 的神经元数量；w_i 为连接最后的隐藏层的第 i 个神经元到输出层的权值；f_i 为神经元 i 的激活函数；b_i 为神经元 i 的偏置。它可以随着神经元层数的增加而变大。在最后的求和操作中，输入参数就是 x_i。

（三）递归 MLP

神经网络既可以是前馈型又是反馈（递归）型。所以，一些神经元或者层将信号传递给前一层是可能的。这种行为允许神经网络基于某些数据序列保持状态，这种特性在处理时间序列或者手写识别时非常有用。出于某种训练目的，递归 MLP 可以只在输出层有反向连接。为了赋予它更加完全的递归特性，递归 MLP 可以以级联的方式连接多个递归 MLP。

尽管递归网络对于某些任务比较适合，但是它们通常难以训练，最后，计算机可能会在运行时内存溢出。另外，有一些递归网络架构要优于 MLP，例如 Elman、Hopfeld、回声状态和双向 RNN。由于本书主要为那些编程经验不多的读者而关注那些最简单的应用，因此我们不会深究这些架构。

三、MLP 的应用

MLP 适合处理两大类问题：分类和回归。分类意味着，给定一个数据集，其中的每一条记录都应该被打上标签或者分类。回归意味着给定一个输入和输出的集合，必须找到一个函数能将输入和输出映射起来。这两种类型的问题都属于监督学习的范畴。

（一）使用 MLP 进行分类

给定一个类和数据的集合，根据历史数据集包括的记录和它们相应的类别，可以对其进行分类。

举一个基于学业成绩来预测其职业的例子。我们参考一个关于已经工作的毕业生数据集。包含了每个人上学时每个科目的平均等级和他/她现在的职业。注意，输出是职业的名称，但是神经网络并不能直接给出。我们需要为每个已知职业新增一列（输出）来代替。如果选择了某个职业，相应职业的那一列的值为 1；反之为 0。

现在，我们基于某个人的成绩来预测其将来会选择哪个职业。最后，我们搭建的神经网络的输入层包含了科目数目的神经元数量，输出层包含了已知职业数目的神经元，隐藏层包含了任意多个隐藏神经元。

对于这个分类问题，每个数据点通常只有一个类。所以，在输出层，神经元被激发产生的值非 0 即 1，可以用激活函数将输出值映射到 0~1 的区间。但是，我们必须考虑一种情况，那就是不止一个神经元被激发，将两个类赋予一条记录。有一些机制可以防止这种情况，例如 softmax 函数或者赢家通吃算法。

经过训练后，神经网络已经学习了在给定人员的给定成绩下，输出最有可能的职业。

（二）用 MLP 进行回归

回归包括找到映射一系列输入和一系列输出的函数问题。表 2-2 展示了绑定到 n 个相关输出的 k 条记录的 m 维独立输入 X 的数据集。

表 2-2　绑定到 n 个相关输出的 k 条记录的 m 维独立输入 X 的数据集

m 维独立输入 X 的数据集				n 维输出数据集			
X_1	X_2	$\cdots$	X_M	T_1	T_2	$\cdots$	T_N
$X_1[0]$	$X_2[0]$	$\cdots$	$X_m[0]$	$t_1[0]$	$t_2[0]$	$\cdots$	$t_n[0]$
$X_1[1]$	$X_2[1]$	$\cdots$	$X_m[1]$	$t_1[1]$	$t_2[1]$	$\cdots$	$t_n[1]$
$\cdots$	$\cdots$	$\cdots$	$\cdots$	$\cdots$	$\cdots$	$\cdots$	$\cdots$
$X_1[k]$	$X_2[k]$	$\cdots$	$X_m[k]$	$t_1[k]$	$t_2[k]$	$\cdots$	$t_n[k]$

可以被编辑成矩阵格式

$$[X \quad T]$$

这里：

$$X_{k,m} = \begin{bmatrix} x_1[0] & x_2[0] & \cdots & x_m[0] \\ x_1[1] & x_2[1] & \cdots & x_m[1] \\ \vdots & \vdots & \ddots & \vdots \\ x_1[k] & x_2[k] & \cdots & x_m[k] \end{bmatrix}$$

$$T_{k,n} = \begin{bmatrix} t_1[0] & t_2[0] & \cdots & t_n[0] \\ t_1[1] & t_2[1] & \cdots & t_n[1] \\ \vdots & \vdots & \ddots & \vdots \\ t_1[k] & t_2[k] & \cdots & t_n[k] \end{bmatrix}$$

和分类不太一样，输出值是数值化的而不是标签或者类别。还是会有一个包含我们希望神经网络学习的一些行为记录的历史数据库。举一个预测两个城市之间巴士票价的例子。在这个例子中，可以收集一系列城市和当前城市之间的巴士票价的信息。我们用城市之间的距离和（或者）行驶时间来构建城市特征作为输入，巴士票价作为输出，并将其结构化为适合神经网络的格式。

结构化这个数据集后，我们定义了一个 MLP 网络，输入层的神经元个数为一个精确值（由于有两个城市为城市特征数乘以 2）加上道路特征数，输出层的神经元个数为 1，隐藏层的神经元个数为任意值。由于输出神经元是数值化的，因此不需要限制输出层，故而选用线性函数作为输出层的激活函数更合适些。神经网络会对两个城市之间的路线给出一个估计的价格，哪怕这条路线目前还没有被任何巴士传输公司运营。

四、MLP 的学习过程

多层感知机网络基于 Delta 规则的基础进行学习，这也是受梯度下降优化法的启发。梯度方法广泛应用在寻找函数极值上。

这个方法根据一定的条件，判断函数输出趋向于越来越大或者越来越小。这个概念是对 Delta 规则的探索。

$$\Delta w_i = \eta(t[k] - y[k])x_i[k]g'(h_i[k])$$

Delta 规则想要最小化的函数是神经网络输出和目标输出的误差，参数则是神经网络的权值。这与感知机规则相比是增强学习算法，因为它考虑了激活函数的导数 $g'(h)$，它用数学上的术语来说就是指向了函数下降得最快的方向。

（一）简单但很强大的学习算法——反向传播

尽管 Delta 原则对于那些只有输入层和输出层的神经网络来说很有效，但由于隐藏层的存在，纯粹的 Delta 规则却不能应用于 MLP 网络。为了克服这一点，在 1980 年，Rummelhart 等人提出了一个新的算法，也是受梯度方法所启发，被称为反向传播。

这个算法对于 MLP 来说确实是 Delta 规则的泛化。用额外的层来抽象更多从环境中获得的数据，这个优点促进了训练算法的发展，使其能正确地调整隐藏层的权值。基于梯度方法的基础，输出的误差会传播到前面的层，从而使得用与 Delta 规则相同的方程来更新权值成为可能。算法按照图 2-5 所示的流程图运行。

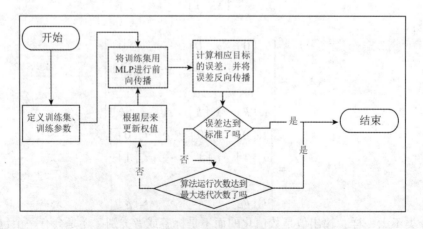

图 2-5 反向传播的运行流程图

　　第二步是反向传播自身。它做的是基于 Delta 规则根据梯度找到权值的变化。

$$\frac{\partial E}{\partial w_{ji}} = \frac{\partial E}{\partial o_i}\frac{\partial o_i}{\partial h_i}\frac{\partial h_i}{\partial w_{ji}} = (t-y)f'(h_i)x_j$$

式中，E 为误差，w_{ji} 为神经元 j 和 i 之间的权值；o_i 为第 i 个神经元的输出；h_i 为传到激活函数之前的神经元输入的加权总和。$o_i = f(h_i)$，f 为激活函数。

　　更新隐藏层的工作有点复杂，因为我们将误差视为要更新的权值和输出之间的所有神经元的一个函数。为了简化这个过程，我们先计算敏感性或者反向传播误差：

$$\delta_i = \frac{\partial E}{\partial v_i}\frac{\partial o_i}{\partial h_i}$$

　　接下来，权值更新如下：

$$\Delta w_{ji} = -\eta\frac{\partial E}{\partial w_{ji}} = -\eta\delta_i x_j$$

　　对输出层和隐藏层计算反向传播误差变化如下：

　　（1）输出层的反向传播。

$$\delta_i = (o_i - t_i)f'(h_i)$$

式中，o_i 为第 i 个输出；t_i 为期望的第 i 个输出；$f'(h_i)$ 为输出激活函数的导数；h_i 为第 i 个输入神经元的加权总和。

　　（2）隐藏层的反向传播。

$$\delta_i = \sum{}_l\delta_l w_{il}f'(h_i)$$

式中，l 为前一层神经元，w_{il} 为连接当前神经元到紧邻前面一层的第 l 个神经元的权值。

　　这就是反向传播的工作原理，它使得 MLP 网络可以进行学习。

　　（二）复杂而有效的学习算法——Levenberg-Marquardt

　　反向传播算法，就像所有基于梯度的方法，收敛速度通常比较慢，尤其当它在之字型路线以及每两次迭代的训练权值变化相同时。在 1994 年，Kenneth Levenberg 将这个缺点作为类似曲线拟合差值的问题进行研究，1963 年，Donald Marquart 也开始研究，他开发了一个基于 Gauss-Newton 算法和梯度下降算法来找到系数的方法，这就是这个算法名字的来源。

　　Levenberg-Marquardt 算法基于 Jacobian 矩阵进行研究，对于每一条数据，这个矩阵包含了每一个权值和偏置的所有偏导数。所以，Jacobian 矩阵格式如下：

$$J = \begin{bmatrix} \dfrac{\partial f(X[1],W)}{W_1} & \cdots & \dfrac{\partial f(X[1],W)}{W_p} \\ \vdots & \ddots & \vdots \\ \dfrac{\partial f(X[k],W)}{W_1} & \cdots & \dfrac{\partial f(X[k],W)}{W_p} \end{bmatrix}$$

　　k 是所有数据点的数量，p 是所有权值和偏置的数量。在 Jacobian 矩阵，一个数据点所有权值和偏置偏导权被连续存储在一行。Jacobian 矩阵的元素可以从梯度计算得到：

$$\frac{\partial E}{\partial w_{ji}} = (t-y)\frac{\partial f(x_i,W)}{\partial w_{ji}} \Rightarrow \frac{\partial f(x_i,W)}{\partial w_{ji}} = \frac{\partial E}{\partial w_{ji}}(t-y)^{-1}$$

误差 E 的每个权值的偏导数可以由反向传播算法算出，所以这个算法同样会运行反向传播算法。

在每一个优化问题里，都想最小化总误差：

$$E(W) = \sum \left[Y_i - f(X_i - W) \right]^2$$

W（在神经网络这个例子中代表权值和偏置）是要优化的变量。优化算法通过增加 ΔW 来更新 W。根据一些代数理论，我们可以扩展上面那个方程，如下：

$$E(W + \Delta W) = \sum \left[Y_i - f(X_i, W) - J_i \Delta W \right]^2$$

通过转变成向量和符号，我们可以得到：

$$E(W + \Delta W) = \| Y - f(X, W) - J\Delta W \|^2$$

最后，通过设置误差 E 为 0，经过一些变换后，我们得到 Levenberg-Marquardt 等式：

$$\Delta W = (J^T J + \lambda I)^{-1} J^T (Y - f(X, W))$$

这就是权值更新的规则。正如我们所看到的，它包含了矩阵操作。希腊字母 λ 是阻尼因素，相当于学习率。

第三节　神经网络在天气预测、疾病预测及客户聚类中的应用

一、神经网络在天气预测中的应用

（一）神经网络的预测问题

神经网络的预测问题是十分复杂的问题。神经网络在预测领域的力量令人惊讶，因为它们可以从历史数据中习得一种模型，在这个模型中，神经连接适用于根据一些输入数据产生相同的结果。例如，给定一种情况（原因），必有一种结论（结果），这就被编码成数据。神经网络可用于学习从境况到结论（或从原因到结论）映射的非线性函数。

预测问题是神经网络应用的一个有趣的类别。包含天气数据的样本见表 2-3。

表 2-3　天气数据的样本

日期	平均温度/℃	气压/mbar	湿度/%	降水量/mm	风速/（m/s）
July 31	23	880	66	16	5
August 1	22	881	78	3	3
August 2	25	884	65	0	4
August 3	27	882	53	0	3
…					
December 11	32	890	64	0	2

表2-3描述了5个变量，其包含从假定城市收集的天气数据的假设值，仅用于本示例。现在，让我们假设每个变量包含一系列随时间顺序取得的值。我们可以把每一列看作一个时间序列。在时间序列图上，可以看到天气数据随时间的变化。

这些时间序列之间的关系显示某个城市天气的动态表示。我们确实希望神经网络学习这些动态；然而，又有必要更多地了解这一现象，因为我们需要以神经网络可以处理它的方式来构造这些数据。

只有在构造完数据之后，我们才能构造神经网络，即输入层、输出层、隐藏层神经元个数。存在可能适合于预测问题的许多其他架构，例如径向基函数神经网络和反馈神经网络。在本节中，我们将通过反向传播学习算法来处理前馈多层感知器网络，以演示如何可以简便地利用这种架构来预测天气变量。此外，该架构在数据选择良好的情况下呈现非常好的泛化结果，并且在设计过程中涉及很少的复杂性。

设计用于预测处理的神经网络的全部流程，如图2-6所示。

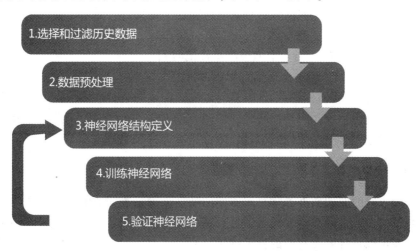

图2-6　设计用于预测处理的神经网络的全部流程

如果神经网络验证失败（步骤5），则通常会定义新的结构（步骤3），但往往可以重复步骤1和步骤2。

（二）无数据、无神经网络——选择数据

首先要做的是选择适当的相关数据，这些数据携带了多数我们希望神经网络重现的系统动态信息。在例子中，我们需要选择与天气预报相关的数据。这里需要注意的是，在选择数据时，获得专家对于过程及其变量的意见是非常有用的。专家的确能够极大程度地帮助我们理解变量之间的关系，从而让我们以适当的方式选择变量。

在本节中，我们将使用巴西气象研究所的数据，该数据可免费在互联网上获取，读者可以在开发应用时使用来自互联网的任何免费的天气数据库。

1. 了解天气变量

任何天气数据库几乎都有相同的变量：温度（℃）、湿度（%）、压力（mbar）、风速（m/s）、风向（°）、降水量（mm）、日照（h）、太阳能（W/m^2）。

上述这些数据通常是由气象站、卫星或雷达按每小时或每天的频率收集的。

2. 选择输入/输出变量

神经网络作为一个非线性模块，可能有预定义数量的输入和输出，所以我们必须选择每个天气变量在这个应用中将扮演的角色。换句话说，我们必须选择神经网络要预测的变量以及通过使用哪些输入变量来进行预测。

需要注意的是，关于时间序列变量，可以通过应用历史数据来导出新变量。这意味着，给定某个日期，可以考虑该日期的值和从过去日期收集（或概括）的数据，以此扩展变量的数量。

在定义使用神经网络的问题时，我们需要考虑一个或多个预定义的目标变量：预测温度、预测降水、测量日照等。然而，在某些情况下，可能需要对所有变量建模，并确定它们之间的因果关系。为了确定因果关系，有许多可以应用的工具：交叉相关法；Pearson系数；统计分析；贝叶斯网络。

3. 移除无关行为——数据过滤

有时，从某些来源获取数据时会遇到一些问题。常见的问题如下：

（1）某一记录和变量中缺少数据；

（2）测量错误（例如，当一个值被严重标记时）；

（3）异常值（例如，当一个值远远超出通常范围时）。

要处理这些问题，需要对所选数据执行过滤。神经网络将准确地重现与被训练的数据完全相同的动态变化，因此向神经网络提供数据时必须小心谨慎，以防不良数据。通常，要从数据集中删除包含不良数据的记录，确保只有"好"数据送到网络。

（三）数据预处理

从数据源收集的原始数据通常呈现不同的特性，例如数据范围、采样和类别。一些变量由其他测量值生成，而其他变量是通过总结或计算产生的。预处理意味着使这些变量的值适应于形成可以正确处理它们的神经网络。

天气变量的范围、采样和类型，见表2-4。

表2-4　天气变量的范围、采样和类型

变量	单位	范围	采样	类型
平均温度	℃	23.86~29.25	每小时	每小时测量的平均值
降水量	Mm	0~161.20	每天	每日降雨量累积和
日照	h	0~10.40	每天	接受太阳辐射的小时计数
平均湿度	%	65.50~96.00	每小时	每小时测量的平均值
平均风速	km/h	0.00~3.27	每小时	每小时测量的平均值

除了日照和降水量，其他变量都是通过测量产生的并且享有相同的采样。但是如果我们想要使用（例如每小时数据集），就必须预处理所有变量以使用相同的采样率。

（四）Java 实现天气预测

为了用 Java 实现这个案例，我们使用名为 getNetOutputValues() 的新方法来更新

NeuralNet 类，针对给定的训练数据集产生一些输出值。除了它返回一个包含输出数据集的矩阵，该方法执行与之前反向传播阶段方法几乎相同的操作。

此外，我们必须向项目中添加两个组件（ed. u. packt. neuralnet. util）：data 和 chart。

1. 绘制图表

图表可以使用免费提供的包 JFreeChart（http：%www. jfree. org/jfreechart/）在 Java 中绘制。所以，我们设计了一个叫 Chart 的类。它基本上实现了通过调用 JFreeChart 类的原生方法来绘制数据序列的方法。

2. 处理数据文件

要使用数据文件，我们必须实现一个名为 Data 的类。它目前从所谓的 csv 格式执行读取，这适合于数据导入和导出。此类还通过标准化对数据执行预处理。

3. 构建天气预测神经网络

为了预测天气，我们收集了来自巴西气象研究所（INMET 网站）的日常数据。数据来自位于亚马逊地区的巴西城市。

从 INMET 网站提供的 8 个变量中，选择了 5 个用于该项目，其中最大和最小温度的平均值变为平均温度变量。训练神经网络来预测平均温度，神经网络的结构如图 2-7 所示。

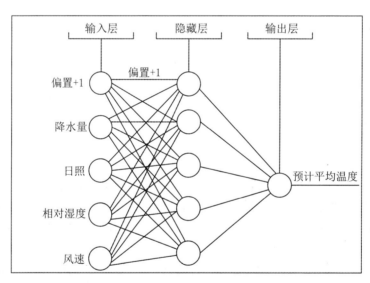

图 2-7　神经网络的结构

我们设计了一个名为 Weather 的类，专门用于天气案例。它只有一个静态主要方法，只是为了阅读天气数据文件，用这些数据创建和训练神经网络，并绘制误差以进行验证。

然后，主要方法建立一个具有 4 个隐藏层神经元的神经网络，并设置训练数据集。网络经过训练之后，绘制误差图表。

（五）神经网络经验设计

当在回归问题（包括预测）中使用神经网络时，没有固定数量的隐藏层神经元。所以通常，选择任意数量的神经元，然后根据所创建的网络产生的结果改变它。该过程可以重复多次，直到找到满足标准的网络。

1. 选择训练和测试数据集

为了证明神经网络有正确响应新数据的能力，准备两个独立的数据集是有用的，这两个数据集称为训练数据集和测试数据集。在这个应用中，我们使用两个不同时期的数据，一个作为训练数据集，另一个作为测试数据集。这里建议，训练数据集至少具有总数据集的 75%。

2. 设计实验

实验可以在相同的训练和测试数据集上进行，但是需通过改变其他网络参数实现，例如改变学习速率、标准化和隐藏层神经元的数量。在这种情况下，可以选择一些参数，进行实验。目的是从实验中选择一个表现出最佳性能的神经网络。最佳性能指的是呈现最低 MSE 误差的网络，但是使用测试数据的泛化分析也是有用的。

3. 结果分析和模拟

通过实验就会发现 MSE 的误差，对 MSE 的误差进行分析、总结，可以获得最适合于天气预测的神经网络。

二、神经网络在疾病预测中的应用

（一）分类问题

神经网络真正擅长的是分类。一个非常简单的感知机网络可以判定边界，这个边界定义数据点属于特定区域还是属于另一区域，其中，区域表示类。

分类算法试图寻找在多维空间中数据的类边界。一旦定义了分类边界，未分类的新数据点就可以根据分类算法定义的边界接收类标签。

（二）逻辑回归

神经网络可以作为数据分类器，通过数据在多维空间中建立决策边界。该边界在感知机神经网络中是线性的，但是在其他神经网络结构（例如多层感知机网络、Kohonen 神经网络或 Adaline 神经网络）的情况下是非线性的。线性情况基于线性回归，其中分类边界字面上是一条线。

事实上，神经网络是一个很强大的非线性分类器，这是通过使用非线性激活函数来实现的。一个非线性函数——sigmoid 函数，实际上非常适合非线性分类，使用此函数的分类过程称为逻辑回归。

$$f(x) = \frac{1}{1 + e^{-\alpha x}}$$

该函数返回 0 和 1 之间的边界值。在此函数中，α 参数表示从 0 到 1 转变的倾斜度。注意，α 参数的值越大，逻辑函数越呈现严格限制阈值函数的形状，也称为阶跃函数。

1. 二分类 VS 多分类

分类问题通常是处理多个类的情况，其中每个类分配一个标签。然而，神经网络也应用二元分类模式。这是因为在输出层，应用 logistics 函数的神经网络只能产生 0 和 1 之间的值，这意味着它分配(1)或(0)给一些类。

然而，对于多分类有一种方法就是使用二分函数。考虑每个类由一个输出神经元表示，并且每当该输出神经元激活时，输入数据记录就属于该神经元对应的类。所以，让我们假设用一个网络来分类疾病，每个输出神经元表示针对某些症状的疾病。

2. 混淆矩阵

没有完美的分类器算法，所有这些算法都存在错误或偏差。然而，我们期望分类算法可以将 70%~90% 的记录正确地分类。

混淆矩阵表示给定类的记录中有多少被正确分类，有多少被错误分类。表 2-5 描述了混淆矩阵。

表 2-5　混淆矩阵

真实的分类	推测的分类						总和
A	B	C	D	E	F	G
A	92%	1%	0%	4%	0%	1%	2%	100%
B	0%	83%	5%	6%	2%	3%	1%	100%
C	1%	3%	85%	0%	2%	5%	4%	100%
D	0%	3%	0%	92%	2%	1%	1%	100%
E	0%	10%	2%	1%	78%	1%	8%	100%
F	22%	2%	2%	3%	3%	65%	3%	100%
G	9%	6%	0%	16%	0%	3%	66%	100%

注意，我们期望主对角线具有更高的值，因为分类算法总是试图从输入数据集中提取有意义的信息。所有行的总和必须等于 100%，因为给定类的所有元素都将分到一个可用的类中。但是，请注意，一些类可能会得到比预期更多的分类。

混淆矩阵看起来越像单位矩阵，分类算法就越好。

3. 灵敏度和特异性

对于二分类，发现其混淆矩阵是一个简单的 2×2 矩阵，因此，其位置有特别命名，见表 2-6。

表 2-6　二分类

真实的分类	推测的分类	
	真	假
阳性	真阳性	假阳性
阴性	假阴性	真阴性

疾病诊断作为这部分的主题，对其应用二阶混淆矩阵概念的意义在于错误诊断可以是 False Positive（假阳性，即未生病的人被诊断出疾病）或者 False Negative（假阴性，即生病的人未被诊断出疾病）。可以通过使用灵敏度和特异性指数来测量错误结果的比率。

灵敏度表示真阳性（True Positive）比率，它测量有多少正例（实际患病的记录）被正确地分类。

特异性反过来代表真阴性比率，它表示负例（实际未患病的记录）识别的比例。

人们期望灵敏度和特异性具有很大的值；然而，实际应用中，灵敏度可能更具有意义。

（三）应用神经网络进行分类

分类任务可以通过所有监督神经网络来执行。但是，建议使用更复杂的体系结构，例如 MLP。在这里，我们将使用 NeuralNet 类来构建一个具有一个隐藏层并且输出层使用 sigmoid 函数的 MLP。每个输出神经元表示一个类。

用于分类的神经网络的实现将遵循以下步骤：

（1）数据加载（训练和测试数据）。

（2）数据标准化。

（3）创建神经网络。

（4）训练神经网络。

（5）通过分类对象分析并得出分类器的结论。

（四）神经网络的疾病诊断

对于疾病诊断，我们将使用免费数据集 Proben1，其可在网络上获得。Proben1 是来自不同领域的几个数据集的基准集。我们使用其中的糖尿病数据集，添加一个新类 Diabetes Disease 来对该例进行实验。

糖尿病诊断的数据集具有 8 个输入和 1 个输出，共有 768 条记录，全部完成。然而，Proben1 数据集声明存在几个无意义的 0 值，可能表示这些是（在数据处理过程中）丢失的数据。我们把这些数据当成真的来处理，从而引入一些错误（或噪声）到数据集中。

数据集的划分为：训练 690 条记录，测试 78 条记录。

为了发现最佳的神经网络拓扑对糖尿病进行分类，可以使用测试数据集生成混淆矩阵、灵敏度和特异性并进行分析。然而，我们在输出层中使用多类分类：将该层中的两个神经元，一个用于检验存在糖尿病，另一个用于检验不存在糖尿病。因此，推荐的神经结构如图 2-8 所示。

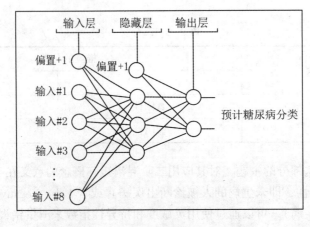

图 2-8　糖尿病诊断的神经结构

另外，通过实验，分析 MSE 的训练值和准确度可以发现，MSE 的下降速度很快。

通过分析混淆矩阵可以看出，灵敏度和特异性不是很高，并且混淆矩阵的分布更均匀。这种现象有可能表明分类器是无效的，因为假阳性或假阴性的数量过多，原始数据集包含了不良记录，这些不良记录不能及时地被过滤掉。

三、神经网络在客户聚类中的应用

（一）聚类任务

聚类分析是广泛的数据分析任务中的一部分，其目的是将看起来更相似的元素组合成簇或组。聚类任务完全基于无监督学习，因为不需要含有任何目标输出数据就能找到簇。相反，解决方案设计者可以选择记录分组的数量并检查算法对其的响应。

当只有很少或根本没有关于如何将数据聚集到组中的信息时，人们才希望应用聚类分析。假如有一个数据集，我们希望神经网络识别组及其成员。虽然在二维数据集中可视化地执行似乎更简单直接，但是，当维度更高时，该任务的执行变得复杂并且需要算法解决方案。

在聚类分析中，簇的数量不是由数据决定的，而是由期望聚集数据的数据分析人员决定的。这里，边界与分类任务的边界稍有不同，因为它们主要取决于集群的数量。

1. 聚类分析

在聚类任务以及无监督学习任务中，是一个难点对结果的准确解释。在监督学习中，有一个定义好的目标，我们可以从中导出一个误差度量或混淆矩阵；在无监督学习中，质量评估是完全不同的，完全取决于数据本身。验证标准包括评估数据在簇中的分布情况以及专家对数据的外部意见的指数，这也是对质量的度量。

聚类中有两个主要问题：一个是一个神经网络的输出从未被激活，这意味着某个簇没有一个与其相关联的数据点；另一个是非线性或稀疏聚类的情况，其可以被错误地分组成几个簇，而实际上，可能只有一个。

2. 聚类评估和验证

如果神经网络聚集不好，需要重新定义类的数量或执行额外的数据预处理。评估聚类数据，可以应用 Davies-Bouldin 指数和 Dunn 指数。

Davies-Bouldin 指数考虑了簇的质心，以便找到簇成员之间的内部距离和簇与簇之间的距离。

$$DB = \frac{1}{n} \sum_{i=1}^{n} \max_{j \neq i} \left(\frac{\sigma_i + \sigma_j}{d(c_i, c_j)} \right)$$

式中，n 为簇的数量；c_i 为簇 i 的质心；σ_i 为簇 i 中所有成员的平均距离；$d(c_i, c_j)$ 为簇 i 到簇 j 之间的距离；DB 指数的值越小，神经网络越倾向于将其作为簇。

然而，对于密集聚类和稀疏聚类，DB 指数不会给出很多有用的信息；这个限制可以用 Dunn 指数来克服：

$$D = \frac{\min\limits_{1 \leq i < j \leq n} d(i,j)}{\max\limits_{1 \leq k < n \leq n} d'(k)}$$

式中，$d(i,j)$ 为 i 和 j 之间的簇间距；$d'(k)$ 为簇 k 的簇内距离。这里，Dunn 指数越高，聚类越好。因为尽管聚类可能是稀疏的，但它们仍然需要一起被分组，并且高的簇内距离表示数据被不良分组。

（二）应用无监督学习

在神经网络中，有许多实现无监督学习的架构。本书只涵盖径向基函数神经网络和 Kohonen 神经网络。

1. 径向基函数神经网络

这种神经网络结构有三层，并且结合了两种类型的学习。

对于隐藏层，应用竞争学习以便激活隐藏神经元中的一个径向基函数。径向基函数采用高斯函数的形式：

$$f_i(d_i) = e^{-ad_i^2}$$

其中 d 是输入 x 和神经元 i 的权值 w 之间的距离向量：

$$d_i = \| x - w_i \|$$

神经网络的输出将是由隐藏层的神经元产生所有值的线性和：

$$y(x) = \sum_{l=1}^{N} a_i f_i(\| x - c_i \|)$$

径向基函数（Radial Basis Functions，RBF）仅在第一隐藏层中执行聚类，在输出层中，应用监督学习来找到输出权值。

2. Kohonen 神经网络

Kohonen 可以在输出端产生一维或二维的形式，但是在这里，我们只对聚类感兴趣，其可以被减少到仅一个维度。此外，簇可能彼此相关或不相关，因此可以忽略邻近神经元。这意味着只有一个神经元将被激活，并且其邻居保持不变。因此，神经网络将调整其权值以将数据匹配簇的阵列。

训练算法将使用竞争性学习算法，意味着神经网络中具有最大输出的神经元可以调整其权值。在训练结束时，期望神经网络定义了所有簇。需注意，输出神经元之间没有连接，这表示只有一个输入在输出端有效。

（三）客户特征

无监督学习中一个有趣的任务是客户特征分析或客户聚类分析。给定一个客户信息数据集，需要找到具有相似特征或购买相同产品的客户群。该任务为企业主创造了许多优势，这是因为该任务提供给他们关于所拥有的客户群的信息，因此能够实现更具战略性的客户关系。

客户信息可以包含数值数据和分类数据。当面对一个分类标称变量时，我们需要将它分成变量可能采用的数值。产品是标称分类数据，每个交易中，没有定义所购买的产品数量，即客户可以仅购买这些产品中的一个或几个单元。为了将此数据集转换为数值数据集，需要应用预处理。每个产品，将有一个变量添加到数据集中。

（四）Java 实现

这里，我们将基于从 Proben1（Card 数据集）收集的客户信息探索 Kohonen 神经网络在客户聚类中的应用。

　　Card 数据集总共包含 16 个变量。其中 15 个是输入变量，1 个是输出变量。出于安全原因，所有变量名已更改为无意义符号。这个数据集带来了一个很好的混合变量类型。

　　存储的示例数为 690，但其中 37 个具有缺失值，因此丢弃这 37 个记录。剩余的 653 个例子用于训练和测试神经网络。数据集划分如下：

　　（1）训练：583 个记录。

　　（2）测试：70 个记录。

　　Kohonen 训练算法聚类相似行为取决于如下一些参数。

　　（1）标准化类型。

　　（2）学习率。

　　重要的是，注意 Kohonen 训练算法是无监督的。因此，当输出未知时可使用该算法。在 Card 示例中，在数据集中有输出值，它们在这里将仅用于证明聚类。

　　在这个特定的情况下，因为输出是已知的，作为分类，聚类质量可以证明：

　　（1）灵敏度（真阳性率）。

　　（2）特异性（真阴性率）。

　　（3）准确性。

　　在 Java 项目中，这些值的计算是通过 Classification 类完成的。

　　执行多次实验以试图找到最好的用户、客户特征聚类的神经网络，是一个很好的做法。

第三章　计算机数据挖掘算法与应用

数据挖掘（Data Mining），也叫数据开采、数据采掘等，就是从大量的、不完全的、有噪声的、模糊的、随机的实际应用数据中，提取隐含在其中的、人们不知道的，但又是潜在有用的信息和知识的过程。本章主要阐述数据挖掘算法及其在电子商务中的应用。

第一节　数据挖掘概述

一、数据挖掘产生的背景

随着通信、计算机和网络技术的快速发展，以及日常生活自动化技术的普遍使用，如超市 POS 机、自动售货机、信用卡和借记卡、在线购物、自动订单处理、电子售票、RFID、客服中心等，数据正以空前的速度产生和被收集，包括通信、银行、交通、零售商等在内的一些企业，已经与客户建立了自动化的交互关系，生成了大量的交易记录。在各行各业，许多公司已经开始认识到客户对业务的重要性，客户信息是它们的宝贵财富。

对于从事服务业的公司来说，信息意味着竞争优势，信息就是产品。很多公司发现，他们拥有的有关客户的某些信息不仅对自己非常有用，对别人也非常有用。信用卡公司也有航空公司需要的信息，即谁购买了大量的机票，在这里信用卡公司处在信息经纪人（中间人）的位置。信用卡公司可以针对经常乘坐飞机的人们进行促销，吸引以前坐其他航空公司飞机的人。大量信息在给人们带来方便的同时也带来了许多问题：信息冗余；信息真假难以辨识；信息安全难以统一处理等。

随着信息技术的高速发展，数据库应用的规模、范围和深度不断扩大，互联网已成为信息传播的主流平台。"数据过剩""信息爆炸"与"知识贫乏"等现象相继产生，人们淹没在数据中而难以快速制定合适的决策！在强大的商业需求驱动下，商家开始注意到，有效地解决大容量数据的利用问题具有巨大的商机；学者们开始思考如何从大容量数据集中获取有用的信息和知识。然而，面对高维、复杂、异构的海量数据，提取潜在的有用信息就成为巨大的挑战。面对这一挑战，数据挖掘技术应运而生，并显示出强大的生命力。

丰富的数据和对强有力的数据分析工具的需求，构成了数据丰富、信息贫乏的现象。快速增长的海量数据、存放在大型和大量的数据存储库中，没有强有力的工具对数据进行分析，人们很难去整理和使用数据。利用数据挖掘工具进行数据分析，可以发现重要的数据模式，这对商务策略、知识库、科学都有巨大贡献。数据挖掘的迅速发展，使商业受益匪浅，如市场营销组织应用客户细分来识别那些对不同形式营销传媒敏感的客户群，许多公司应用数据挖掘技术来识别高价值客户，从而为他们提供所需的服务以期留住客户。

（一）技术背景

任何技术的产生都是有技术背景的。数据挖掘技术的提出和普遍接受是由于计算机及其相关技术的发展为其提供了研究和应用的技术基础。对于数据挖掘产生的技术背景，下面一些相关技术的发展起到了决定性的作用：①数据库、数据仓库和互联网等信息技术的发展；②计算机性能的提高和先进的体系结构的发展；③统计学和人工智能等方法在数据分析中的研究和应用。

数据库技术从 20 世纪 80 年代开始，已经得到广泛的普及和应用。在关系型数据库的研究和产品提升过程中，人们一直在探索组织大型数据库和快速访问的相关技术。高性能关系数据库引擎以及相关的分布式查询、并发控制等技术的使用，提升了数据库的应用能力。在数据的快速访问、集成与抽取等问题的解决上积累了经验。数据仓库作为一种新型的数据存储和处理手段，被数据库厂商普遍接受，相关辅助建模和管理工具快速推向市场，成为多数据源集成的一种有效的技术支撑环境。

计算机芯片技术的发展使计算机的处理和存储能力日益提高。摩尔定律告诉我们，计算机硬件的关键指标大约以每 18 个月翻一番的速度增长，而且现在看来仍有日益加速的趋势。随之而来的是硬盘、CPU 等关键部件的价格大幅度下降，使得人们收集、存储和处理数据的能力和欲望不断提高。经过几十年的发展，计算机的体系结构，特别是并行处理技术已经逐渐成熟和普遍应用，并成为支持大型数据处理应用的基础。计算机性能的提高和先进的体系结构的发展使数据挖掘技术的研究和应用成为可能。

多年的发展中，统计学、人工智能等在内的理论与技术性成果已经成功地应用到商业处理和分析中。这些应用从某种程度上对数据挖掘技术的提出和发展起到了极大的推动作用。数据挖掘系统的核心技术和算法都离不开这些理论和技术的支持。从某种意义上讲，这些理论本身的发展和应用为数据挖掘提供了有价值的理论支撑和应用积累。数理统计是一个有几百年发展历史的应用数学学科，然而它和数据库技术的结合性研究应该说最近十几年才被重视。以前基于数理统计方法的应用大多都是通过专用程序来实现的，大多数的统计分析技术是基于严格的数学理论和高超的应用技巧的，这使得一般用户很难从容地驾驭它。数据挖掘技术是数理统计分析应用的延伸和发展，假如人们利用数据库的方式从被动地查询变成主动地发现知识，概率论和数理统计这一古老的学科可以从数据中归纳知识将为数据挖掘技术提供理论基础。

人工智能是计算机科学研究中争议最多但是仍始终保持强大生命力的研究领域。机器学习应该说得到了充分的研究和发展，并且数据挖掘技术继承了机器学习解决问题的思想。专家系统（expert system）曾经被认为是人工智能向着实用性方向发展的最有希望的技术。但是，这种技术也逐渐表现出投资大、主观性强、应用面窄等致命弱点。例如，知识获取被普遍认为是专家系统研究中的瓶颈问题。另外，由于专家系统是主观整理知识，因此这种机制不可避免地带有偏见和错误。数据挖掘继承了专家系统的高度实用性特点，并且以数据为基本出发点，客观地挖掘知识。可以说，数据挖掘研究在继承已有的人工智能相关领域的研究成果的基础上，摆脱了以前象牙塔式的研究模式，真正开始客观地从数据集中发现蕴藏的知识。

谈到知识发现和数据挖掘，必须进一步阐述它的理论基础问题。虽然关于数据挖掘的理论基础问题仍然没有发展到完全成熟的地步，但是分析它的发展可以对数据挖掘的概念更清楚。坚实的理论是研究、开发、评价数据挖掘方法的基石。

（二）理论基础

数据挖掘方法可以是基于数学理论的，也可以是非数学的；可以是演绎的，也可以是归纳的。从研究的历史看，它们是数据库、人工智能、数理统计、计算机科学以及其他方面的学者和工程技术人员，在数据挖掘的探讨性研究过程中创立的理论体系。1997 年，Mannila 对当时流行的数据挖掘的理论框架做出了综述。结合最新的研究成果，下面一些重要的理论框架可以准确地解释数据挖掘的概念与技术特点。

1. 模式发现（pattern discovery）架构

在这种理论框架下，数据挖掘技术被认为是从源数据集中发现知识模式的过程。这是对机器学习方法的继承和发展，是目前比较流行的数据挖掘研究与系统开发架构。按照这种架构，可以针对不同的知识模式的发现过程进行研究。目前，在关联规则（association rule）、分类/聚类模型（classification/clustering model）、序列模式（sequence model）以及决策树（Decision Tree）归纳等模式发现的技术与方法上取得了丰硕的成果。

2. 规则发现（rule discovery）架构

Agrawal 等综合机器学习与数据库技术，将三类数据挖掘目标即分类、关联和序列作为一个统一的规则发现问题来处理。他们给出了统一的挖掘模型和规则发现过程中的几个基本运算，解决了数据挖掘问题如何映射到模型和通过基本运算发现规则的问题。这种基于规则发现的数据挖掘架构也是目前数据挖掘研究的常用方法。

3. 基于概率和统计理论

在这种理论框架下，数据挖掘技术被看作一个从大量源数据集中发现随机变量的概率分布情况的过程，如贝叶斯置信网络模型等。目前，这种方法在数据挖掘的分类和聚类研究与应用中取得了很好的成绩。这些技术和方法可以看作概率理论在机器学习中应用的发展和提高。统计学作为一个古老的学科，已经在数据挖掘中得到广泛应用，如传统的统计回归法在数据挖掘中的应用。统计学已经成为支撑数据仓库、数据挖掘技术的重要理论基础。实际上，大多数的理论架构都离不开统计方法的介入，统计方法在概念形成、模式匹配以及成分分析等众多方面都是基础中的基础。

4. 微观经济学观点（microeconomic view）

在这种理论框架下，数据挖掘技术被看作一个问题的优化过程。1998 年，Kleinberg 等人建立了在微观经济学框架里判断模式价值的理论体系。他们认为，如果一个知识模式对一家企业有效，它就是有趣的。有趣的模式发现是一个新的优化问题，可以根据基本的目标函数，对"被挖掘的数据"的价值提供一个特殊的算法视角，导出优化的企业决策。

5. 基于数据压缩（data compression）理论

在这种理论框架下，数据挖掘技术被看作对数据进行压缩的过程。按照这种观点，关联规则、决策树、聚类等算法实际上都是对大型数据集的不断概念化或抽象的压缩过程。按 Chakrabarti 等人的描述，最小描述长度（Minimum Description Length，MDL）原理上可以评价一个压缩方法的优劣，即最好的压缩方法应该是概念本身的描述和把它作为预测器的最小编码长度。

6. 基于归纳数据库（inductive database）理论

在这种理论框架下，数据挖掘技术被看作对数据库的归纳问题。一个数据挖掘系统必须具有原始数据库和模式库，数据挖掘的过程就是归纳数据查询过程。这种架构也是目前研究者和系统研制者倾向的理论框架。

7. 可视化数据挖掘（visual data mining）

在这种理论框架下，数据挖掘技术被看作对数据库趋势和异常的预测过程。通过应用可视化和数据挖掘技术，业务人员能够充分地探索业务数据，从而发现潜在的、以前未知的趋势、行为和异常。可视化是帮助业务人员和数据分析人员从业务数据集中发现新趋势的关键，它能够将大量复杂的模式简化成二维或三维数据集图片或数据挖掘模型。可视化数据挖掘可以认为是从数据到可视化形式再到人的感知系统的可调节的映射。可视化数据挖掘指的是采用可视化的方式检查、理解交互的数据挖掘算法。

二、数据挖掘的应用现状

数据挖掘技术一开始就是面向应用的，它不仅是面向特定数据库的简单检索、查询调用，而且要对这些数据进行微观、中观及宏观的统计分析、综合、推理，以指导实际问题的求解，企图发现事件间的相互关联甚至用已有的数据对未来的活动进行预测。对于数据挖掘技术的研究，在国外已经有好多年的历史了。

在国外，数据挖掘技术及相关的决策支持系统发展很快，已经直接给商业界、公共服务行业等众多行业带来了令人吃惊的利润，并且有很多学校和科研机构也正投入大量资金进行数据挖掘技术的进一步开发和深入研究。

加拿大 BC 省电话公司要求加拿大 Sinion Fraser 大学 KDD 研究所根据其拥有十多年的客户数据，总结、分析并提出新的电话收费管理方法，制定既有利于公司又有利于客户的优惠政策。

美国运通公司（American Express）使用神经网络检测数以亿计的数据库记录，辨别个体消费者是如何及在哪里持卡交易的，得到了每个持卡用户的"购买倾向价值"。根据这些价值，美国运通公司将个人持卡者的购买历史与相关销售的商品匹配，并将这些情况附在月报后面，这样既节省了费用又提供给持卡者更有价值的分析。

NSRC 是一家位于克里夫兰的市场调研机构，它介绍了一种数据挖掘工作的情况，使用了市场调研的成果来找出具有消费潜力的那些消费者中排在最前面的1%的消费者，根据对客户成本分析估计，这项数据挖掘工作将销售额提高到501%，使净收入增加了3587%，这一卓越成绩的取得，是由于数据挖掘技术找准了各种消费群体之间的细微差别。

数据挖掘在医学上的应用也很广泛，利用数据挖掘来分析艾滋病的基因，找出 SPN（一种肺癌的前兆症状）的诊断率，分析具有早期乳腺癌的 X 光片，达到了较高的准确率，分析肺癌数据库发现了一个有趣的规则，右肺出现肿瘤的频率与左肺相比为3∶2等。

目前，数据挖掘在很多领域都是一个很时髦的词，尤其在证券、银行、保险、零售等领域，数据挖掘所能解决的典型问题是数据库营销（database marketing），客户群体划分

（customer segmentation&classification），背景分析（profile analysis），交叉销售（cross selling）等市场分析行为以及客户流失性分析（churn analysis），客户信用记分（credit scoring），欺诈发现（fraud detection）等。在国外市场激烈的环境下，每个市场为自身的生存已经想尽了办法，很多被人工发现的规律早就发现了。

最近几年，国内也有相当多的数据挖掘和知识发现方面的研究成果，许多学术会议上都设有专题进行学术交流。许多科研单位和高等院校竞相开展数据挖掘的基础理论及应用研究，如清华大学、中国科学院计算技术研究所、空军第三研究所、海军装备论证中心等，其中北京系统工程研究所对模糊方法在知识发现中的应用进行了深入研究，北京大学也在开展对数据立方体代数的研究，华中科技大学、复旦大学、浙江大学、中国科技大学、中国科学院数学研究所、吉林大学等开展了对关联规则开采算法的优化改造，南京大学、四川大学和上海交通大学等探讨研究了非结构化数据的知识发现以及 Web 数据挖掘。

但是与国外相比，中国对数据挖掘领域的研究仍处于初期阶段，绝大多数工作集中于局部算法设计，有的开始设计软件，但还是处在业务数据转移和建立数据仓库的初级阶段，进行综合的系统集成设计寥寥无几。由于核心技术的欠缺，数据挖掘在国内一些领域只是初步开始应用。虽然在零售业、证券业等行业有所研究，但也只是提出一些应用构思、解决方案，在实现系统方面仍处于初级阶段，还没有对数据进行深一步挖掘、实证研究，所以国内虽然实施了数据挖掘，但仍存在一些问题，结果不尽如人意。

三、数据挖掘的应用领域

数据挖掘的应用十分广泛，各个领域的应用既有相同之处，又有各自的独特之处。下面简要介绍数据挖掘在几个不同行业的应用案例。

（一）零售业

对于零售企业，可以通过广泛收集各渠道、各类型的数据，利用数据挖掘技术整合各类信息、还原客户的真实面貌，帮助企业切实掌握客户的真实需求，并根据客户需求快速做出应对，实现"精准营销"和"个性化服务"。

现在已经有了大量的成功案例，比如沃尔玛公司充分利用天气数据，研究天气与商品数量增减的关系，根据飓风移动的线路，准确预测哪些地方要增加或减少何种商品，并据此进行仓储部署，确保产品能够及时满足消费者需求。美国某领先的化妆品公司，通过当地的百货商店、网络及其邮购等渠道为客户提供服务。该公司希望向客户提供差异化服务，他们通过从 Twitter 和 Facebook 收集社交信息，更深入地理解化妆品的营销模式，随后他们认识到必须保留两类有价值的客户：高消费者和高影响者。希望通过接受免费化妆服务，让用户进行口碑宣传，这是交易数据与交互数据的完美结合，为业务挑战提供了解决方案。数据挖掘技术帮助这家化妆品公司用社交平台上的数据充实了客户数据，使其业务服务更具有目标性。

零售企业也可以利用数据挖掘监控客户的店内走动情况以及与商品的互动。它们将这些数据与交易记录相结合来展开分析，从而在销售哪些商品、如何摆放货品以及何时调整售价上给出意见，此类方法已经帮助某领先零售企业减少了 17% 的存货，同时在保持市场份额的前提下，增加了高利润率自有品牌商品的比例。

（二）银行业

银行信息化的迅速发展，产生了大量的业务数据。从海量数据中提取出有价值的信息，为银行的商业决策服务，是数据挖掘的重要应用领域。汇丰、花旗和瑞士银行是数据挖掘技术应用的先行者。如今，数据挖掘已在银行业有了广泛深入的应用。

数据挖掘在银行业的重要应用之一是风险管理，如信用风险评估。可通过构建信用评级模型，评估贷款申请人或信用卡申请人的风险。对于银行账户的信用评估，可采用直观量化的评分技术。以信用评分为例，通过由数据挖掘模型确定的权重，来给每项申请的各指标打分，加总得到该申请人的信用评分情况。银行根据信用评分来决定是否接受申请，确定信用额度。通过数据挖掘，还可以侦查异常的信用卡使用情况，确定极端客户的消费行为。通过建立信用欺诈模型，帮助银行发现具有潜在欺诈性的事件，开展欺诈侦查分析，预防和控制资金非法流失。

数据挖掘在风险管理中的一个优势是可以获得传统渠道很难收集的信息。在这方面，阿里金融就是一个典型的案例。阿里金融利用阿里巴巴 B2B、淘宝、支付宝等电子商务平台上客户积累的信用数据及行为数据，引入网络数据模型和在线视频资信调查模式，通过交叉检验技术辅以第三方验证确认客户信息的真实性，向这些通常无法在传统金融渠道获得贷款的弱势群体批量发放"金额小、期限短、随借随还"的小额贷款。重视数据，而不是依赖担保或者抵押的模式，使阿里金融获得了向银行发起强有力挑战的核心竞争力。

数据挖掘在银行业的另一个重要应用就是客户管理。在银行客户管理生命周期的各个阶段，都会用到数据挖掘技术。

在获取客户阶段，通过探索性的数据挖掘方法，如自动探测聚类和购物篮分析，可以用来找出客户数据库中的特征，预测对于银行营销活动的响应率。可以把客户进行聚类分析，让其自然分群，通过对客户的服务收入、风险、成本等相关因素的分析、预测和优化，找到新的可赢利目标客户。

在保留客户阶段，通过数据挖掘，发现流失客户的特征后，银行可以在具有相似特征的客户未流失之前，采取额外增值服务、特殊待遇和激励忠诚度等措施保留客户。通过数据挖掘技术，可以预测哪些客户将停止使用银行的信用卡，而转用竞争对手的卡。银行可以采取措施来保持这些客户的信任。数据挖掘技术可以识别导致客户转移的关联因子，用模式找出当前客户中相似的可能转移者，通过孤立点分析法可以发现客户的异常行为，从而使银行避免不必要的客户流失。数据挖掘工具，还可以对大量的客户资料进行分析，建立数据模型，确定客户的交易习惯、交易额度和交易频率，分析客户对某个产品的忠诚度、持久性等，从而为他们提供个性化定制服务，以提高客户忠诚度。

另外，银行还可以借助数据挖掘技术优化客户服务。如通过分析客户对产品的应用频率、持续性等指标来判别客户的忠诚度，通过交易数据的详细分析来鉴别哪些是银行希望保持的客户。找到重点客户后，银行就能为客户提供有针对性的服务。

（三）医疗行业

除了较早就开始利用大数据的互联网公司，医疗行业可能是让大数据分析最先发扬光大的传统行业之一。医疗行业早就遇到了海量数据和非结构化数据的挑战，而近年来很多国家都在积极推进医疗信息化发展，这使得很多医疗机构有资金来做大数据分析。目前，医疗行业在应用大数据方面，主要集中在临床医疗、付款/定价、研发、新的商业模式、公众健康等方面。

比如，在临床医疗方面，通过全面分析病人特征数据和疗效数据，然后比较多种干预措施的有效性，可以找到针对特定病人的最佳治疗途径。研究表明，对同一病人来说，医疗服务提供方不同，医疗护理方法和效果则不同，成本上也存在着很大的差异。精准分析包括病人体征数据、费用数据和疗效数据在内的大型数据集，可以帮助医生确定临床上最有效和最具有成本效益的治疗方法，这将有可能减少过度治疗（如避免那些副作用比疗效明显的治疗方式），以及治疗不足。从长远来看，不管是过度治疗还是治疗不足都将给病人身体带来负面影响，以及产生更高的医疗费用。世界各地的很多医疗机构（如英国的 NICE、德国的 IQWIG、加拿大的普通药品检查机构等）已经开始了类似项目并取得了初步成功。

在临床决策方面，大数据分析技术将使临床决策支持系统更智能，这得益于对非结构化数据的分析能力的日益加强。比如，可以使用图像分析和识别技术，识别医疗影像（X光、CT、MRI）数据，或者挖掘医疗文献数据建立医疗专家数据库（就像 IBM Watson 做的），从而给医生提出诊疗建议。此外，临床决策支持系统还可以使医疗流程中大部分的工作流流向护理人员和助理医生，使医生从耗时过长的简单咨询工作中解脱出来，从而提高治疗效率。

再比如，在医学研究方面，医疗产品公司可以利用大数据提高研发效率。以美国为例，这将创造每年超过 1000 亿美元的价值。医药公司在新药物的研发阶段，可以通过数据建模和分析，确定最有效率的投入产出比，从而配备最佳资源组合。模型基于药物临床试验阶段之前的数据集及早期临床阶段的数据集，尽可能及时地预测临床结果。评价因素包括产品的安全性、有效性、潜在的副作用和整体的试验结果。通过预测建模可以降低医药产品公司的研发成本，在通过数据建模和分析预测药物临床结果后，可以暂缓研究次优的药物，或者停止在次优药物上的昂贵的临床试验。除了研发成本，医药公司还可以更快地得到回报。通过数据建模和分析，医药公司可以将药物更快推向市场，生产更有针对性的药物，有更高潜在市场回报和治疗成功率的药物。原来一般新药从研发到推向市场的时间大约为 13 年，使用预测模型可以帮助医药企业提早 3~5 年将新药推向市场。

另外，在公众健康方面，大数据的使用可以改善公众健康监控。公共卫生部门可以通过覆盖全国的患者电子病历数据库，快速检测传染病，进行全面的疫情监测，并通过集成疾病监测和响应程序，快速进行响应。这将带来很多好处，包括医疗索赔支出减少、传染病感染率降低，卫生部门可以更快地检测出新的传染病和疫情。通过提供准确和及时的公众健康咨询，将大幅提高公众健康风险意识，同时也将降低传染病感染风险。所有的这些都将帮助人们创造更好的生活。在加拿大多伦多的一家医院，针对早产婴儿，每秒钟有超过 3000 次的数据读取。通过这些数据分析，医院能够提前知道哪些早产儿出现了问题并且有针对性地采取措施，避免早产婴儿夭折。

（四）通信行业

大数据时代的到来几乎影响到了每一个行业。其中，信息、互联网和通信行业受到的波动和影响最大。尤其是现代通信行业，大数据的快速发展加速了通信行业的转型，给这个行业注入了新鲜的血液，主要体现在以下几个方面：

1. 提高运营商的网络服务质量

互联网技术在不断发展，基于网络的信令数据也在不断增长，这给运营商带来了巨大的挑战：只有不断提高网络服务质量，才有可能满足客户的存储需求。在这样的外部刺激下，运营商不得不尝试大数据的海量分布式存储技术、智能分析技术等先进技术，努力提高网络维护的实时性、预测网络流量峰值、预警异常流量、防止网络堵塞和宕机，为网络改造、优化提供参考，从而提高网络服务质量，提升用户体验。比如，中国移动通过大数据分析，对企业运营的全业务进行针对性的监控、预警、跟踪。系统在第一时间自动捕捉市场变化，再以最快捷的方式推送给指定负责人，使他在最短的时间内获知市场行情。

2. 提高运营商对客户情况的掌控能力

任何一个企业，要想获得长期可持续的发展就必须有足够的对客户数据的掌控能力，只有全面了解客户数据，才能更有效地利用这些客户资源服务于市场。通过使用大数据分析、数据挖掘等工具和方法，电信运营商能够整合来自市场部门、销售部门、服务部门的数据，从各种不同的角度全面了解自己的客户，对客户形象进行精准刻画，以寻找目标客户，制定有针对性的营销计划、产品组合或商业决策，提升客户价值。判断客户对企业产品、服务的感知，有针对性地进行改进和完善。通过情感分析、语义分析等技术，可以针对客户的喜好、情绪，进行个性化的业务推荐。

3. 改变了运营商的赢利结构

在过去，运营商的主要赢利均来源于附加值比较低的话务服务，随着大数据时代的来临，数据量和数据产生的方式发生了重大的变革，运营商掌握的信息更加全面和丰满，这无疑为运营商带来了新的商机，目前运营商主要掌握的信息包括移动用户的位置信息、指令信息以及网管和日志信息等。就位置信息而言，运营商可以通过位置信息的分析，得到某一时刻某一地点的用户流量，而流量信息恰恰是大多数商家关心的焦点信息，具有巨大的商业价值。通过对用户位置信息和指令信息的历史数据和当前信息进行分析建模可以服务于公共服务业、指挥交通、应对突发事件和重大活动，也可以服务于现代的零售行业。电信运营商可以在数据中心的基础上，搭建大数据分析平台，通过自己采集、第三方提供等方式汇聚数据，并对数据进行分析，为相关企业提供分析报告。在未来，这将是运营商重要的利润来源。

（五）汽车行业

互联网、移动互联技术的快速普及，正在诸多方面改变着人们的车辆购置和使用习惯，使传统的汽车数据在收集、分析和利用方式上发生了重大转变，这必将推动汽车产业全产业链的变革，为企业带来新的利润增长点和竞争优势。

首先，车企可以利用数据挖掘技术，通过整合汽车媒体、微信、官网等互联网渠道潜客数据，扩大线索入口，提高非店面的新增潜客线索量，并挖掘保有客户的增购、换购、荐购线索，从新客户和保有客户两个维度扩大线索池；应用大数据原理，定义线索级别并进行购车意向分析，优化潜客培育，提高销售线索的转化率，提升销量。

其次，借助数据挖掘技术可以改善产品质量，促进产品研发。通过用户洞察，进行产品设计及性能改进，提高产品的可靠性，降低产品的故障率。大数据应用在企业运营方面可通过搭建业务运营的关键数据体系，开发可视化的数据产品，监控关键数据的异动，快速发现问题并定位数据异动的原因，辅助运营决策。

另外，车企可以通过数据挖掘技术进行服务升级。大数据应用于客户管理方面可以提升客户满意度，改善售后服务。通过建立基于大数据的 CRM 系统，了解客户需求，掌握客户动态，为客户提供个性化服务，促进客户回厂维修及保养，提高配件销量，增加售后产值，提升保有客户的利润贡献度。

在汽车的衍生业务方面，数据挖掘也有很大的利用空间。比如，通过对驾驶者总行驶里程、日行驶时间等数据，以及急刹车次数、急加速次数等驾驶行为在云端的分析，可有效地帮助保险公司全面了解驾驶者的驾驶习惯和驾驶行为，有利于保险公司发展优质客户，提供不同类型的保险产品。

（六）电子商务领域

当前，数据挖掘方法已广泛应用于电子商务的各个阶段和领域。

1. 客户获取

客户获取即根据性别、收入、交易行为等属性特征把客户细分为具有不同需求和交易习惯的群体，同一群体中的客户在产品需求、交易心理等方面具有相似性，而不同群体间差异则较大。这有助于企业在营销中更加贴近客户需求。分类和聚类等挖掘方法可以把大量的客户分成不同的类（群体），适合于用来进行客户细分。通过群体细分，CRM 用户可以更好地理解客户，发现群体客户的行为规律。在行为分组完成后，还要进行客户理解、客户行为规律发现和客户组之间的交叉分析。

2. 重点客户发现

重点客户发现就是找出对企业具有重要意义的客户。主要包括：发现有价值的潜在客户；发现有更多的消费需求的同一客户；发现使用更多的同一种产品或服务；保持客户的忠诚度。根据 20/80（即 20%的客户贡献 80%的销售额）以及开发新客户的费用是保留老客户费用的 5 倍等营销原则，重点客户发现在 CRM 中具有举足轻重的作用。

3. 交叉营销

商家与客户之间的商业关系是一种持续的不断发展的关系，通过不断地相互接触和交流，客户得到了更好、更贴切的服务质量，商家则因为增加了销量而获利。交叉营销向已购买商品的客户推荐其他产品和服务。这种策略成功的关键是要确保推销的产品是用户所感兴趣的，有几种挖掘方法都可以应用于此问题，关联规则分析能够发现客户倾向于关联购买哪些商品。聚类分析能够发现对特定产品感兴趣的用户群，神经网络、回归等方法能够预测客户购买该新产品的可能性。

4. 客户流失分析

分类等技术能够判断具备哪些特性的客户群体最容易流失，建立客户流失预测模型，从而帮助企业对有流失风险的客户提前采取相应营销措施。利用数据挖掘技术，通过挖掘大量的客户信息来构建预测模型，可以较准确地找出易流失客户群，并制定相应的方案，最大限度地保持住老客户。研究证实，数据挖掘技术中的决策树技术（decision tree）能够较好地应用在这一方面。

5. 性能评估

以客户所提供的市场反馈为基础,通过数据仓库的数据清理与集中过程,将客户对市场的反馈自动地输入到数据仓库中,从而进行客户行为跟踪。性能分析、客户行为分析、重点客户发现三者的相互交叠,保证了企业客户关系管理目标的顺利达成和良好客户关系的建立。

第二节　数据挖掘及其在电子商务中的应用

一、数据挖掘在 CRM 中的应用

对于 CRM 中的客户价值管理而言,CRM 关注的是客户整个生命周期与企业之间的交互关系。客户数量越多,单个客户与企业交易或是接触次数越频繁,客户的生命周期越长,最终企业所收集形成的客户数据量越大。对于如此海量的客户数据,需要用到数据挖掘技术来分析和处理,发现其中有价值的客户信息,支持企业的市场营销、销售或客户服务决策等。可以构建一个客户关系管理中的数据挖掘应用模型,如图 3-1 所示。

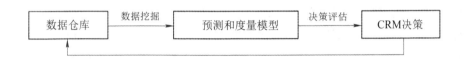

图 3-1　数据挖掘应用模型

数据挖掘在 CRM 中的具体应用可以从如下几个方面来进行分析。

(一) 客户赢利能力分析

客户赢利能力是指单位时间内,企业从某个客户身上获取赢利的数额。在市场经济中,客户是每个企业生存发展的基础。

客户的购买直接关系到企业的利润。用数据挖掘技术建立客户利润回报预测模型,可以将客户,分为高价值客户、低价值客户和无价值客户。对于低价值客户和无价值客户,可以采取一定措施使其转变为有价值客户,企业可以把有限的精力和资源放在企业赢利最大的地方。企业对于高价值客户,可以采取不同的促销手段和优惠政策,保持客户对企业的忠诚度。从预测模型还可以找出客户回报大小的变化趋势,回报可能从低回报到高回报转变或从高回报到低回报滑落。据此,企业可以有针对性地采取相应的策略,促进好的转化,挽留或避免坏的转化。

(二) 营销

企业的市场营销战略的成功很大程度上需要以充分的市场调研和消费者信息分析为基础,这些信息用来支持目标市场的细分和目标客户群的定位,制订有针对性的营销措施,提高客户响应率，降低营销成本。还提供客户需求的趋势分析，使得企业能够对稍纵即逝的市场机遇做出灵敏的反应。

计算机、网络、通信技术的迅速发展，以及这些技术的联合应用，对企业的营销产生了重要的影响。企业与客户通过 Web、E-mail、电话等渠道进行交互和沟通已经相当的普遍了。这些类型的营销活动给潜在客户提供了更好的客户体验，使得潜在客户以自己的方式，在方便的时间获取所需的信息。为了获得最大的价值，通过对数据与信息的分析与挖掘，企业营销人员可以对这些商业活动进行跟踪，使潜在消费尽可能地成为现实消费。

目前，在营销方面应用最成熟的是数据库营销（database marketing）。数据库营销的任务是通过交互式查询、数据分割和模型预测等方法来选择潜在的客户以便向他们推销产品。通过对已有的客户数据的分析，可以将用户分为不同的级别。级别越高，其购买可能性越大。在进行营销分析时，首先对已有的用户信息进行手工分类，分类依据通常由专家根据用户的实际边线给出，得到训练数据后，由数据挖掘进行学习得出用户分类模式，当新用户到来时，可以由已经学习的系统给出其购买可能性的预测结果，从而可以根据预测结果对不同客户采取有针对性的营销措施。

（三）销售

销售力量自动化（Sale Force Automation，SFA）是当前 CRM 中应用最成熟的部分。销售人员与潜在客户互动，将潜在客户发展为企业真正的客户并保持其忠诚度，是企业赢利的核心因素。数据挖掘可以对多种市场活动的有效性进行实时跟踪和分析。在此过程中，数据挖掘可以使销售人员能够及时把握销售机遇、缩短销售周期，极大地提高工作效率。例如超市的购物篮分析（basket analysis），通过分析事务数据库来发现在购物活动中频繁出现的商品组合，以此识别客户的购买行为模式。目前购物篮分析已经在改善交叉销售比、楼层和货架安排、货物布置以及 Web 页面的目录层次安排等方面取得了显著效果。

1. 一对一营销

一对一营销（One-To-One Marketing）亦称"121 营销""1-2-1 营销"或"1 对 1 营销"等，是一种客户关系管理战略。它为公司和个人间的互动沟通提供具有针对性的个性化方案。一对一营销的目标是提高短期商业推广活动及终身客户关系的投资回报率（ROI）。最终目标是提升整体的客户忠诚度，并使客户的终生价值达到最大化。与传统的营销方式相比，一对一营销主要具有以下优点：

（1）能极大地满足消费者的个性化需求，提高企业的竞争力。

（2）以销定产，企业是根据顾客的实际订单来生产的，真正实现了以需定产，因而几乎没有库存积压。这在卖方市场中当然是很有竞争力的，但随着买方市场的形成，必然导致产品的滞销和积压，造成资源的闲置和浪费，一对一营销则很好地避免了这一点。

（3）有利于促进企业的不断发展，创新是企业永葆活力的重要因素。但创新必须与市场及顾客的需求相结合，否则将不利于企业的竞争与发展。在一对一营销中，顾客可直接参与产品的设计，企业也根据顾客的意见直接改进产品，达到产品、技术上的创新，并能始终与顾客的需求保持一致，从而促进企业的不断发展。

粗糙集理论把大量的客户分成不同的类，在每一个类里的客户具有相似的属性，而不同类里的客户的属性也不同。通过数据挖掘了解不同客户的爱好，提供有针对性的产品和服务，可以大大提高各类客户对企业和产品的满意度。

2. 交叉销售

交叉销售（cross selling）是一种发现顾客多种需求，并满足其多种需求的营销方式。

从横向角度开发产品市场，是指营销人员在完成本职工作以后，主动积极地向现有客户、市场等销售其他的、额外的产品或服务。交叉销售是在同一个客户身上挖掘、开拓更多的顾客需求，而不是只满足于客户某次的购买需求，横向地开拓市场。啤酒与尿布就是交叉销售的典型案例。交叉销售具有如下两大功能：

（1）通过增加客户的转移成本，来增强客户的忠诚度。来自银行的数据显示，客户购买本公司的产品和服务越多，客户流失的可能性就越小。

（2）降低边际销售成本，提高利润率。实践证明，将一种产品和服务推销一个现有客户的成本远低于吸收一个新客户的成本。来自信用卡公司的数据显示，平均来说，信用卡客户要到第三年才能开始有利润。由此可见，吸收新客户的成本是非常高的。

而从广义来说，交叉销售还包括向与客户有关系的其他客户推荐产品和服务。比如说，现在有 A 公司的市场部向你订购一批复印机，你就可以趁机向该公司的财务部或者其他部门推销该产品。

在粗糙集理论中，通过相关分析，数据挖掘可以帮助分析出最优的、最合理的销售匹配。相关分析的结果可以用在交叉销售的两个方面：一是对于购买频率较高的商品组合，找出那些购买了组合中大部分商品的顾客，向他们推销"遗漏的"商品；二是对每个顾客找出比较适用的相关规律，向他们推销对应的商品系列。通过聚类分析，可以确定属于某一类的顾客经常购买的商品，并向没有购买的此类顾客推销这些商品。

（四）客户细分、获取、保持和服务

1. 客户细分

客户细分是企业竞争优势的主要来源。通过客户细分，找到客户群较大的客户需求点，定位公司产品的特殊性，有利于企业进行大规模定制。客户细分的客户群数不宜过细，因为客户群小，没有经济价值；如果客户群太大，又容易忽略掉客户的特殊需要。具体的客户群数，要看具体的市场情况和消费者成熟度。客户细分不仅仅是技术性的，也存在很大的艺术成分。不同企业客户细分模型不同，得到的结果也不尽相同，在市场上的表现也不尽相同。

PulteHomes 公司通过消费者的生命周期和其支付能力，把消费者分成了 11 个大类。由于根据消费者的生命周期规划产品线，在不同生命阶段中的客户都可以找到满足自己需要的住房，所以经过多年的客户服务，Pulte Homes 公司实现了客户的终生锁定，即消费者在生命周期的不同阶段更换住房时，一直选择 Pulte Homes 公司的住宅。

Lennar 公司根据消费者的购买决策过程，把客户分成了两个大类。一类客户喜欢购房过程的自我主导，喜欢自己设计自己的住房，所以 Lennar 公司让消费者参与住房的设计过程，通过标准化的模块设计，让消费者像搭积木一样，定制自己的住房，这一类叫 design studio。另外一类客户不喜欢繁杂的房屋设计过程，喜欢能够购买一个完全设计好了的，但是又满足自己一般性需求的住房。Lennar 公司为这些客户群设计了不同的住房，叫作 everything included。根据客户群定位的不同，这两个品牌下面又设计了 15 个不同的品牌小类以满足不同消费者的需求。

决策树、聚类是客户细分的常用工具，可按照不同的标准，例如客户的消费习惯、消费心理、购买频率、对产品的需求或对产品获利的贡献来划分不同的用户群体，以实现对客户的针对性服务、提高客户的满意度，最大限度地挖掘客户对企业的终身价值。

2. 新客户获取

新客户获取是一个专业的过程，需要精心安排每一步。可以结合有效的多渠道数据库营销工具，利用所掌握的客户数据、产品信息，在市场需求的基础上，应用数据挖掘技术建立"客户行为反应"预测模型，对客户的未来行为进行预测，预测他们对销售努力的反应情况，可以分为"负反应""无反应""正反应"，据此分类选择"正反应"的群体进行推销。

3. 客户保持

现在，各个行业的竞争越来越激烈，企业获得新客户的成本也不断地上升，因此保持原有客户对企业来说就显得越来越重要。比如在美国，移动通信公司每获得一个新用户的平均成本是 300 美元，而挽留住一个老客户的成本可能仅仅是通一个电话。成本上的差异在各行业可能会不同，在金融服务业、通讯业、高科技产品销售业，这个数字是非常惊人的。但无论什么行业，6~8 倍以上的差距是业界公认的。而且往往失去的客户比新得到的客户要贡献更多的利润。

近几年，国内一对一营销正在被越来越多的企业和媒体宣传。一对一营销是指了解企业的每一个客户，并与之建立起持久的关系。这个看似很新的概念却一直采用很陈旧的方法执行，甚至一些公司理解的一对一营销就是每逢客户生日或纪念日寄一张卡片。在科技发展的今天，的确每个人都可以有一些自己独特的商品或服务，比如按照自己的尺寸做一套很合身的衣服，但实际上营销不是裁衣服，企业可以知道什么样的衣服合适企业的客户，但永远不会知道什么股票适合企业的客户。一对一营销是一个很理想化的概念，大多数行业在实际操作中是很难做到的。

数据挖掘可以把企业大量的客户分成不同的类，在每个类里的客户拥有相似的属性，而不同类里的客户的属性也不同。企业完全可以做到给这两类客户提供完全不同的服务来提高客户的满意度。客户分类的好处显而易见，即使很简单的分类也可以给企业带来一个令人满意的结果。如果企业知道客户中有 85% 是老年人，或者只有 20% 是女性，相信企业的市场策略都会随之调整。数据挖掘同样也可以帮助企业进行客户分类，细致而切实可行的客户分类对企业的经营策略有很大益处。

4. 客户服务

客户服务是 CRM 中最为关键的因素，优质的客户服务是吸引新客户、保留老客户、提高客户满意度和忠诚度的关键。通过对客户人口统计数据以及历史消费信息的数据挖掘分析，归纳出客户的个人偏好、消费习惯、需求特征等，企业就可以有的放矢地为客户提供快捷、准确的一对一定制服务。

（五）风险评估和欺诈识别

金融领域、通信公司等商业上经常发生欺诈行为，如信用卡的恶性透支、保险欺诈、盗打电话等，这些给商业单位带来了巨大的损失。对这类欺诈行为进行预测，尽管预测准确率可能很低，但也会减少发生诈骗的机会，从而减少损失。进行欺诈识别和风险评估主要是通过总结正常行为和欺诈或异常行为之间的关系，得到非正常行为的特性模式，一旦某项业务符合这些特征，就可以向决策人员提出警告。

将数据挖掘的方法应用到风险评估和欺诈识别中去，可以从以下几个方面加以分析：

（1）异常数据：相对于自身的异常数据，相对于其他群体的异常数据。

（2）无法解释的关系：检测具有不正常值的记录，相同或者相近的记录等。

（3）通常意义下的欺诈行为：已被证实的欺诈行为可以用于帮助确定其他可能的欺诈行为。基于这些历史数据找到检测欺诈行为的规则和评估风险的标准，定义记录下可能或者类似欺诈的事务。

通过数据挖掘技术回归、决策树、神经元网络等进行欺诈的预测和识别，将有用的预测合并加入到历史数据库中，并用来帮助寻找相近而未被发现的案例。

随着数据库中知识的积累，预测系统的质量和可信度都会大大增强。

二、数据挖掘在客户分群中的应用

（一）客户分类的相关理解

1. 客户分群的商业理解

依据 CRISP-DM 流程首先要进行客户分群的"商业理解"，这一初始阶段集中在从商业角度理解项目的目标和要求，然后把理解转化为数据挖掘问题的定义和一个旨在实现目标的初步计划。必须明确项目的商业目标，这个目标应该是适于用基于聚类分析的客户分群方法去达到的。例如某电信运营商定义的客户分群的商业目标是"对某市数十万公众客户，从价值和行为的分析维度进行客户分群，以了解不同客户群的消费行为特征，为发展新业务、流失客户保有、他网用户争夺的针对性营销策略的制定提供分析依据，并实现企业保存量、激增量的战略目标。"电信客户按营销属性分为三类：公众客户、商业客户和大客户。其中公众客户消费行为有较大的随机性，客户分布难有规律可循，比较适于聚类分析。可以将此商业目标转化为数据挖掘的可行性方案：从价值和行为维度，考察客户业务拥有与使用、消费行为变化、他网业务渗透等方面的属性，采用聚类分析的数据挖掘技术对研究的目标客户（公众客户、入网时长、地域属性、产品拥有类型等方面限定）进行客户分群，对各客户群进行特征刻画和属性分析，为针对性营销确定目标客户群，并根据客户群属性和营销目标量体裁衣，指定恰当的营销方案。由于客户的特性是不断变化的，数据挖掘的分析结果具有一定的时效性，因此数据挖掘必须以项目来实施，在目标、进度和资源安排上明确要求。

2. 客户分群的数据理解

"巧妇难为无米之炊"，数据是挖掘的基础，在确定目标和方案后需要进行"数据理解"，以确定要支持的分析目标需要哪些方面的数据、数据基础是否已经具备、数据质量是否能满足要求。如果不能得到肯定的答复，建议推迟项目实施直至条件成熟，因为"进去的是垃圾，出来的仍是垃圾"，错误的分析结果可能会带来重大的损失。

"数据准备"包括所有从原始的未加工的数据构造最终分析数据集的活动，是数据挖掘过程中最耗时的环节，甚至要占据整个数据挖掘项目一半以上的工作量。数据准备工作的流程如图 3-2 所示。

图 3-2　数据准备工作的流程

选择数据决定用来分析的数据。选择标准包括与数据挖掘目标的相关性、数据质量和工具技术的限制，如对数据容量或数据类型的限制。数据选择包括数据表格中属性（列）和记录（行）的选择。可以分主题在企业数据仓库中选择需要的各类数据，并进行按月汇总，生成月粒度数据基础表。基础表中每个用户每个账务月的信息汇总成一条记录。

（二）模型构建

1. 价值的计算

（1）当前价值的计算。

当前价值计算公式为：

$$NPV = \sum_{t=1}^{T} \frac{MQ_t - X}{(1+i)^t} - C \tag{3-1}$$

式中，M 为单位产品的销售毛利；Q_t 为第 t 年客户的销售量；X 为客户每年的维护成本；C 为客户的初期开发成本；T 为客户的寿命周期。

（2）潜在价值的计算。

潜在价值计算公式为：

$$V_i = \sum_{j=1}^{n} prob_{ij} \times profit_{ij} \tag{3-2}$$

式中，V_i 为客户 i 的潜在价值；$prob_{ij}$ 为客户 i 未来购买产品 j 的概率；$profit_{ij}$ 为客户 i 购买产品 j 企业所能获得的利润。

用客户 i 所购买的产品 j 减掉该产品的成本及各种费用，所得的利润或净收益表示 $profit_{ij}$。应用关联规则算法，根据客户 i 已购买的产品来推测客户 i 将来购买产品 j 的概率，得到 $prob_{ij}$。

2. 客户忠诚度的计量

客户忠诚度表现为两种形式：一种是客户忠诚于企业的意愿；一种是客户忠诚于企业的行为。客户忠诚综合论虽然将两者结合在了一起，完整地描述了客户忠诚，但是客户忠诚于企业的意愿的衡量包含了大量不可测算的因素，如客户情感，客户心理等。

那么如何通过企业保存的交易信息，把客户分成不同忠诚度的群体呢？

李卫东等[1]通过对专家思想的理解和数据仓库中几千万条交易数据的分析，借鉴已有的工作，并通过实际数据的模拟分析发现，客户忠诚度是客龄长短、平均消费水平、活跃程度、续订模式等因素的综合体现，认为客户忠诚度与客户存在的时间、发生交易的数

① 李卫东，张桂芸，李欣，等. 利用数据挖掘方法分析客户忠诚度 [J]. 计算机与网络，2005（2）.

额、客户的续订模式、客户交叉订购行为、活跃程度等有最直接的关系，并依据这些因素提出了全新的客户忠诚度计算公式：

$$CLV = T \times M \times A \times P \times G \qquad (3-3)$$

公式由乘号分开为五部分，语义为：

客户忠诚度＝时间系数×金额系数×活动系数×产品交叉系数×续订模式系数

$$T = \frac{\sum_{i=1}^{\text{订单总数}} \text{订单时长}}{\text{平均客龄}} \qquad (3-4)$$

$$M = \frac{\sum_{i=1}^{\text{订单总数}} \text{订单金额}}{\text{平均每单金额}} \qquad (3-5)$$

$$A = 1 - \frac{\text{睡眠次数}}{\text{总订单数}} \qquad (3-6)$$

$$P = 1 + Lg(\text{平均每单产品数}) \qquad (3-7)$$

$$G = 1 - \frac{\text{投递期内续订次数}}{\text{总订单数}} \qquad (3-8)$$

该公式突出了客龄、消费金额、订购产品超过平均数的客户，同时还把没有休眠的用户和投递期未满又续订下一期的客户突出出来，是一个可明确计算的客户忠诚度公式。式中，T、M、P体现了行为忠诚度，A、G体现了态度忠诚度。

3. 数据挖掘的流程

对客户生命周期价值的挖掘共分为三个步骤。步骤一，收集数据，建立数据仓库。步骤二，以客户生命周期的三个要素：客户当前价值、客户潜在价值、客户忠诚度为轴，建立三维坐标系对客户进行分类。步骤三，针对数据挖掘结果和客户分类，制定不同的市场策略，如图3-3所示。

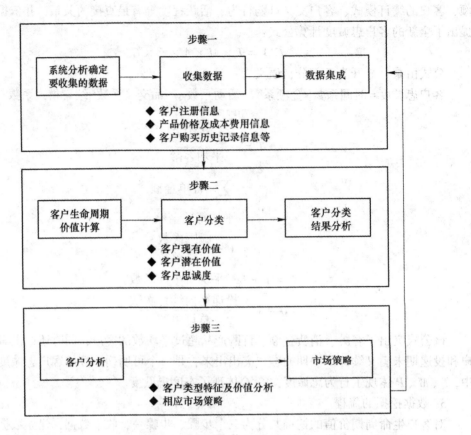

图 3-3　客户分类挖掘流程

（三）实证研究

1. 模型的建立

"模型建立"阶段主要是选择和应用各种建模技术，同时对它们的参数进行校准以达到最优值。通常，对于同一个数据挖掘问题类型，会有多种模型技术，每一类技术又有多种实现算法。聚类分析常用的有 k-means 算法、Gaussian 算法和 Poisson 算法，后两种算法对数据分布有所要求。由于电子商务领域中的电信客户对各类产品的消费情况有较大差别，变量中会出现较多的 0 值，例如电话卡或增值业务等的消费记录可能都为 0 值，因此适合用 k-means 算法来建立聚类模型。k-means 算法通过随机点划分 k 个类，每条记录被归到类中心距它距离最近的类中。在明确建模技术和算法后需要确定模型参数和输入变量。模型参数包括类的个数（建议值 5、7、9）和最大迭代步数（建议值 100）等。

对于大量的客户数据变量，我们只需要挑选部分变量参与建模。参与建模的变量太多会削弱主要业务属性的影响，并给理解分群结果带来困难；太少则不能全面覆盖需要考察的各方面属性，可能会遗漏一些重要的属性关系。输入变量的选择对建立满意的模型至关重要。应结合商业理解，选择有重要业务意义并与数据挖掘目标密切相关的变量，被选择的变量应具备较好的数据质量，被选变量之间相关性不宜太强，如在总量与分量之间只挑选一类参与建模。由于价值变量和行为变量有较强的相关性，可以只挑选客户业务收入变量进行客户价值分群，也可只挑选客户消费行为变量进行客户行为分群，根据数据挖掘的商业目标选择一种分群模式。也可以同时用两种分群模式对同一批客户作两次分群，然后根据两次分群的结果进行组合，如先分成 7 个价值分群，再分成 9 个行为分群，组合后会有 63 个子群。由于组合后子群数目较多不便于分析和管理，可以借助透视图分析将特征相似的子群进行归并，建议最终归并成 7~9 个分群。进行价值和行为组合分群的好处是能同时兼顾考虑价值和行为两方面因素对客户分群的影响，更利于对各分区内特征的深刻刻画，并能有效消除单次分群产生的偏差，但过程较为复杂，并且不能做到对参与分群客户的全覆盖。

模型建立是一个螺旋上升、不断优化的过程，在每一次分群结束后，需要判断分群结果在业务上是否有意义，各群特征是否明显。如果结果不理想，则需要调整分群模型，对模型进行优化，称之为分群调优。分群调优可通过调整分群个数及调整分群变量输入来实现，也可以通过多次运行，选择满意的结果。通常可以根据以下原则判断分群结果是否理想。

（1）群间特征差异是否明显。各分群之间有明显特性差异，各分群主要的特征各不相同，决定各分群主要特征的变量各不相同或变量的取值属性各不相同。

（2）群内特征是否相似。各分群有各自明显的特征，各分群有决定其主要特性贡献度最大的变量，决定各分群主要特征的变量在此群中的分布特性与在全体样本中的分布特性有明显差异。

（3）分群是否易于管理及是否具有业务指导意义。分群的个数及各群人数的分布应相对合理，分群结果能从业务上做出合理理解和解释，并能切合业务需要，实现对客户的深刻洞察，帮助制定合适的营销措施。

2. 客户分群的模型评估

在分群调优过程中已经对模型进行合理评估。在完成模型建立后，从数据分析的角度来看，模型似乎有很高的质量，然而在模型最后发布前仍有必要更为彻底地评估模型和检查建立模型的各个步骤，从而确保它真正地达到了商业目标。人们会与商业分析师，以及行业专家从商业角度来讨论数据挖掘结果以及项目过程中产生的其他所有结论。"模型评估"阶段需要对数据挖掘过程进行一次全面的回顾，从而决定是否存在重要的因素或任务由于某些原因而被忽视，此阶段的关键目的是决定是否还存在一些重要的商业问题仍未得到充分的考虑。这种回顾也包括质量保证问题，如过程的每一步是否必要、是否被恰当地执行、是否可以改进、有什么不足及不确定的地方及会产生何种影响。根据评估结果和过程回顾决定，是完成该项目并在适当的时候进行发布，还是开始进一步反复或建立新的数据挖掘项目。

3. 客户分群的模型发布

模型的创建通常并不是项目的结尾。即使建模的目的是增加对数据的了解，所获得的了解也需要进行组织并以一种客户能够使用的方式呈现出来。根据需要，发布过程可以简单到发布一个报告，也可以复杂到在整个企业中执行一个可重复的数据挖掘过程。客户分群的结果发布是通过客户群特征刻画和客户群属性分析来展现的。特征刻画是对单个客户群特征的详细描述，属性分析时对客户群之间的属性进行比较分析。

形成客户分群后，对客户群的特征描述直接影响到营销活动的策划和执行。客户群的特征描述是把很多枯燥无味的数据变成生动形象的客户展现，以帮助市场营销人员更好地理解客户群。参与分群的变量决定了各分群的主要特性，除了对这些变量的统计及分布特性进行深入刻画外，对未参加分群的变量也可在特征刻画阶段来考察其统计特性。特征刻画首先进行客户群特征粗略定性比较分析，然后可利用透视图等工具对各客户群变量分类进行详细的定量刻画。

可以在特征刻画的基础上，通过客户与收入分析、ARPU 构成分析、长途构成分析、产品渗透率分析、费用趋势分析、优先级分析、入网时长分析、高网率分析、指标统计费用构成分析、费用分布分析等多个方面对各客户群进行属性分析，为营销策划提供依据。为辅助营销策划，需要对各战略分群的人数、人数占比、收入、收入占比、MOU、各项业务的 ARPU、收入占比和变化趋势、渗透率等各项指标进行统计；并结合流失倾向、收入下降趋势、收入潜力（平均 ARPU）、人数占比和商业目标，确定进行营销的战略分群的优先级及营销的目标客户群。

实践是检验真理的唯一标准，模型发布后也需要在营销实践中验证调整。另外，数据挖掘结果已经成为日常业务和其环境的一部分，在应用模型的过程中，模型的监测和维护也是十分重要的事情。周密的维护策略将有助于避免不必要地长期误用数据挖掘结果。为了监测数据挖掘结果的发布，项目需要根据应用类型制定一个关于监测过程的详细计划，例如定期查看各分群的主要特性是否已产生较大的偏移和变迁。这些监测一个方面可以对营销效果进行评估反馈；另一方面也为模型的维护和调整提供决策依据，如是否需要运行模型重新生成分群、是否应对模型做出调整或重新生成模型、是否应终止模型的使用。

（四）客户分类结果

1. 客户分群结果

根据客户的当前价值、潜在价值和客户忠诚度的高低，把客户分为八类，最终的分类模型如图 3-4 所示。

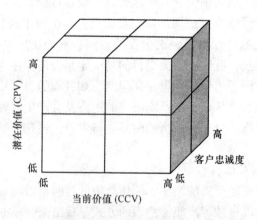

图 3-4   客户分类模型

从以上分析可以把客户分为八种类型：高现值—高潜值—高忠诚度（Class 1）、高现值—高潜值—低忠诚度（Class 2）、高现值—低潜值—高忠诚度（Class 3）、高现值—低潜值—低忠诚度（Class 4）、低现值—高潜值—高忠诚度（Class 5）、低现值—高潜值—

低忠诚度（Class 6）、低现值—低潜值—高忠诚度（Class 7）、低现值—低潜值—低忠诚度（Class 8）。

2. 相应的市场策略

根据分类结果，不同类别的客户具有不同的价值和忠诚度，分别采用不同的市场营销策略。

高现值—高潜值—高忠诚度（Class 1）：这是公司的"黄金客户"，既有大量的现金流入，也有巨大的开发潜力，且客户满意很高，相对稳定，未来公司应加大对该市场的产品投入，以及加大对该市场的产品交叉销售，时刻关注客户满意度的变化，保持客户较高的忠诚度。

高现值—高潜值—低忠诚度（Class 2）：这是企业开发的"主攻方向"，该市场目前和未来都具有巨大的开发价值，但客户满意度和忠诚度较低，极易流失到竞争对手那里，企业应增强对客户需求的进一步了解，根据客户需求及消费特点，重新调整和改善企业的产品、营销渠道、售后服务等，加大促销力度，提高客户满意度和忠诚度，使该类型客户向高现值—高潜值—高忠诚度客户转变。

高现值—低潜值—高忠诚度（Class 3）：这类客户需对其潜值做进一步分析，若是客户生命周期已尽导致的潜值降低，属正常现象，不需采取任何行动。若是对客户进一步的行销活动很少导致，则应加大对客户的交叉销售，提高客户的潜值。

高现值—低潜值—低忠诚度（Class 4）：这类客户具有较高现值，但忠诚度较低，有两种情况：一种是客户生命周期已尽，这是正常情况，不用采取任何措施；另一种就是由于企业的原因导致客户满意度下降，由原来的忠诚客户变为不忠诚客户。对后一种情况，企业应调查清楚导致客户满意度下降的因素，加以改善解决。

低现值—高潜值—高忠诚度（Class 5）：这类客户也是企业重点开发的客户之一，客户对公司的产品或服务认同和满意度很高，但客户带来的现值很小，开发潜力很大，企业应加大对该客户的推销，开发客户需要的产品和购物渠道，变潜值为现值。

低现值—高潜值—低忠诚度（Class 6）：这类客户虽有很大的开发价值，但该客户对公司的产品或服务认同率很低，企业应对该类客户的开发价值和成本进行评估，若收益很高，应改善产品或服务，提高该类客户的满意度和忠诚程度；若开发成本很大，应选择放弃。

低现值—低潜值—高忠诚度（Class 7）：这类客户对公司的产品认同和满意度很高，但收入不高，对公司的产品消费不起。

低现值—低潜值—低忠诚度（Class 8）：这类客户经常更换产品厂家，现在和未来能为企业带来的现金流入很少，而占用了企业大量的开发和维护费用，是企业的"淘汰客户"。

第四章　计算机 MATLAB 算法与应用

在科学研究和工程应用的过程中，往往需要大量的数学计算，传统的纸笔和计算机已经不能从根本上满足海量计算的要求，一些技术人员尝试使用 Basic，Fortran，C/C++等语言编写程序来减轻工作量。但编程不仅仅需要掌握所用语言的语法，还需要对相关算法进行深入分析，这对大多数科学工作者而言有一定的难度。于是，美国 MathWorks 公司推出了一种科学计算平台——MATLAB。本章即对计算机 MATLAB 算法与应用进行分析。

第一节　MATLAB 常用算法分析

一、MATLAB 概述

做过数学计算的人可能都知道，在计算中最难处理的就是算法的选择，而这个问题在 MATLAB 面前释然而解。与上面所述的各种语言相比，MATLAB 的语法更简单，更贴近人的思维。MATLAB 中许多功能函数都带有算法的自适应能力，且算法先进，大大解决了用户的后顾之忧。同时，也大大弥补了 MATLAB 程序因非可执行文件而影响其速度的缺陷，因为在很多实际问题中，计算速度对算法的依赖程度大大高于对运算本身的依赖程度。用 MATLAB 编写程序，犹如在一张演算纸上排列公式和求解问题一样高效率，因而 MATLAB 被称为"科学便笺式"的科学工程计算语言。

MATLAB 作为科学计算的基础平台，不仅提供了强大的数学计算能力和丰富的数据可视化功能，还提供了一种易学易用的科学算法开发语言——M 语言。目前，MATLAB 产品已经被广泛认可为科学计算领域内的标准软件工具之一。

MATLAB 是由主包和功能各异的工具箱（toolbox）组成，其基本数据结构是矩阵。正如其名"矩阵实验室"，MATLAB 起初主要是用来进行矩阵运算的。经过不断的完善，时至今日，MATLAB 已经发展成为适合多学科、多种工作平台的功能强大的大型软件。

MATLAB 工具箱是 MATLAB 功能的进一步扩展，是 MathWorks 公司和第三方在 MATLAB 主包提供的强大的数值运算的基础上，对具体的工程问题提供的特殊函数集。用工具箱可以帮助用户解决特殊的工程问题，使用户能够方便快捷地使用复杂的理论公式，免除了自己编写复杂而庞大的算法程序的困扰。尤其是在做数学推导和理论验证时，有了这些工具箱，计算将变得更加简便。

随着 MATLAB 的不断扩充，工具箱也越来越多。而工具箱实际上就是在 MATLAB 系统上开发的一组实用的 M 文件函数命令或者 Simulink 仿真模型。因此，只要用户有兴趣和要求，自己也可以开发特殊用途的工具箱。

在 MATLAB 产品家族中，MATLAB 工具箱是整个体系的基座，它是一个语言编程型（M 语言）开发平台，提供了体系中其他工具所需要的集成环境（比如 M 语言的解释器）。同时，由于 MATLAB 对矩阵和线性代数的支持使得工具箱本身也具有强大的数学计算能力。

MATLAB 产品体系的演化历程中，最重要的一个体系变更是引入了 Simulink，用来对动态系统建模仿真。其框图化的设计方式和良好的交互性，对工程人员本身的计算机操作与编程熟练程度的要求降到了最低，工程人员可以把更多的精力放到理论和技术的创新上。

由于 MATLAB 及其丰富的 Toolbox 资源的支持，使得用户可以方便地进行具有开创性的建模与算法开发工作，并通过 MATLAB 强大的图形和可视化能力反映算法的性能和指标。所得到的算法则可以在 Simulink 环境中以模块化的方式实现，通过全系统建模，进行全系统的动态仿真以得到算法程序在系统中的动态验证。

MATLAB 的指令窗口给用户解决问题带来了很大的方便。对于很多简单的问题，用户都可以通过在指令窗口中输入一组指令来解决。但是当待解决的问题所需的指令较多及所用的指令结构较复杂，或者当一组指令只需通过修改少量的参数就可以用来解决不同的问题时，直接在指令窗口中输入指令就显得繁琐、累赘和笨拙。M 脚本文件的设计就是用来解决这个问题的。

二、矩阵运算

MATLAB 俗称矩阵实验室，其矩阵运算功能简单易用，且执行效率颇高。具体的 MATLAB 矩阵运算如下。

（一）矩阵的加减法

具体的 MATLAB 程序代码如下：

```
clc,clear,close all       % 清理命令区、清理工作区、关闭显示图形
warning off               %消除警告
feature jit off           %加速代码运行
>> x = rand( 2 )
x =
    0. 8147    0. 1270
    0. 9058    0. 9134
>> y = rand( 2 )
y =
    0. 6324    0. 2785
    0. 0975    0. 5469
>> x+y
ans =
```

1.4471   0.4055

1.0033   1.4603

>> x-y

ans =

0.1824-0.1515

0.8083   0.3665

（二）矩阵的点乘除法运算

具体的 MATLAB 程序代码如下：

```
>>x. * y
```

ans =

0.5152   0.0354

0.0884   0.4995

```
>>x. /y
```

ans =

1.2884   0.4560

9.2863   1.6702

（三）矩阵的点开方运算

具体的 MATLAB 程序代码如下：

```
>>x^2
```

ans =

0.7788   0.2194

1.5653   0.9493

```
>>x. ^2
```

ans =

0.6638   0.0161

0.8205   0.8343

```
>>x. ^0. 5
```

ans =

0.9026   0.3564

0.9517   0.9557

（四）矩阵求逆运算

需要注意的是，矩阵求逆运算，需要矩阵为方阵，即 $N \times N$ 矩阵。程序代码如下：

```
>>inv( x)
```

ans =

1.4518   -0.2018

-1.4398   1.2950

```
>>inv( x * y )
ans =
    3.7499    -1.4782
   -3.3015     2.6316
```

MATLAB 的矩阵运算效率是很高的，MATLAB 开发也是针对高效矩阵计算而设计的。MATLAB 的使用和基本的高等数学运算相匹配，这也大大降低了软件学习的难度。

三、放大局部视图

由于多个图形在一个窗口一起显示的时候，肉眼很难分辨细微的差异，因此需要在同一个图形上放大局部视图。如何进行局部视图的放大显示呢？

具体的密集图形生成代码如下：

```
clc,clear,close all        % 清理命令区、清理工作区、关闭显示图形
warning off                %消除警告
feature jit off            %加速代码运行
x = 0:0.01:4 * pi;
y1 = sin( x );
y2 = sin( 1.01 * x )j;
figure( 1 ),
plot( x,y1,'r' );
hold on
plot( x,y2,'b' )j;
grid on
```

运行程序得到如图 4-1 所示的图形。

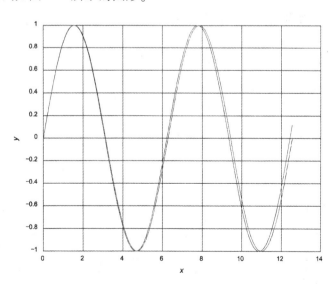

图 4-1　两个正弦波

在 x 取值 0~4 时，两个正弦波基本难区分，这时需要根据实际图形，放大原图的局部区域，达到图形清晰化的目的。具体的 MATLAB 代码如下：

```
clc,clear,close all        % 清理命令区、清理工作区、关闭显示图形
warning off                %消除警告
feature jit off            %加速代码运行
x = 0:0.01:4 * pi;
y1 = sin(x)j
y2 = sin(1.01 * x);
figure(1),
plot(x,y1,'r');
hold on
plot(x,y2,'b');
grid on
xlabel('x');
ylabel('y')

%%
haxes2 = axes('position',[0.3,0.7,0.20,0.20]);
axis(haxes2);
hold on
plot(x(250:300),y1(250:300),'r-')        % 画图
plot(x(250:300),y2(250:300),'b-')        % 画图
axis tight
```

运行程序后，得到如图 4-2 所示的结果。

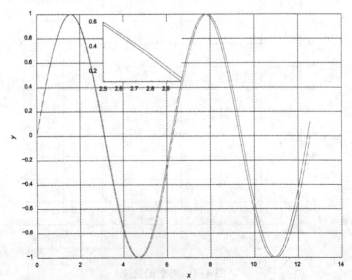

图 4-2   图形的局部放大显示

四、Monte Carlo 方法

Monte Carlo（蒙特卡罗）方法是金融学中应用较广泛的一个方法。对于一个非线性不可微分的方程而言，如何去逼近这样的一个方程，传统的方法是很难求解的。

Monte Carlo 方法采用随机生成点的方法进行合理解的计算，通过统计学知识，得到方程的近似解，具体的案例分析如下。

假设有两个曲线方程 $y = 1 - x^2$ 和 $y^5 = x^2$，那么这两个曲线方程所围成的面积是多少呢？

绘制两曲线方程图形，具体的 MATLAB 程序如下：

```
clc,clear,close all        % 清理命令区、清理工作区、关闭显示图形
warning off                %消除警告
feature jit off            %加速代码运行
x = -1:0.01:1;
y1 = 1-x.^2;
y2 = (x.^2).^(1/5);
figure(1),
plot(x,y1,'r-')
hold on
plot(x,y2,'b-')
grid on
xlabel('x');
ylabel('y')
```

绘制图形如图 4-3 所示。

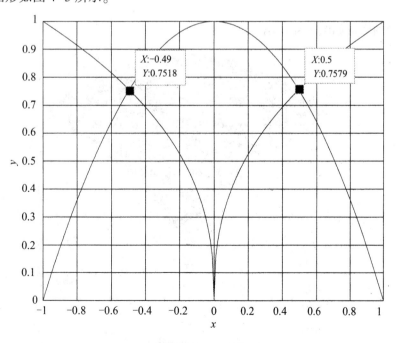

图 4-3　两曲线所形成的封闭区域

在 x 等于 $-0.49 \sim 0.5$ 区间，y 等于 $0 \sim 1$ 区间进行区域面积的计算，用 Monte Carlo 方法计算区域面积，具体的 MATLAB 代码如下：

```
clc,clear,close all        % 清理命令区、清理工作区、关闭显示图形
warning off                %消除警告
Feature jit off            %加速代码运行
% Monte Carlo 方法
tic                        %运算计时
P = rand(10000,2);
x = P(:,1)-0.5;—
y = P(:,2);
points = find(y<=1-x.^2&y.^5>=x.^2);
M = length(points);
S = 4 * M/10000
figure('color',[1,1,1])
plot(x(points),y(points),'bs')
toc                        % 计时结束
grid on
xlabel('x');
ylabel('y')
```

运行程序输出结果如下：

s =

   1.5000

时间已过 0.102463 秒。

\>\>

得到相应的图形如图 4-4 所示。

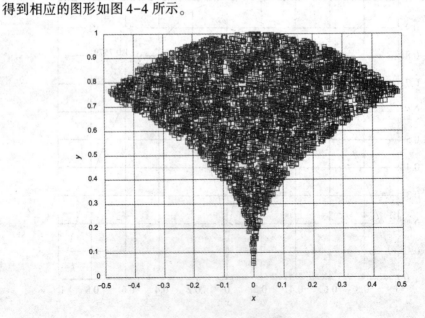

图 4-4   面积求解

第二节 MATLAB 算法在金融预测中的应用

一、BP 神经网络工具箱上证指数预测

BP（Back Propagation）神经网络是一种神经网络学习算法，其是由输入层、中间层和输出层组成的阶层型神经网络，中间层可扩展为多层。相邻层之间各神经元进行全连接，而同层各神经元之间无连接，网络按照负反馈方式进行自学习，按期望输出与实际输出误差减小的方向移动，然后从输出层经各中间层逐层修正各连接权，回到输入层。此过程反复交替进行，直至网络的全局误差趋向给定的极小值，即完成学习的过程。

（一）BP 神经网络模型及其基本原理

DE. Rumelhart 和 JL. McClelland 提出了一种利用误差反向传播训练算法的神经网络，简称 BP 网络，是一种经典实用的前馈网络，系统地解决了多层中隐含单元连接权的学习问题。

如果网络的输入节点数为 M、输出节点数为 N，则 BP 神经网络可看成是从 M 维欧式空间到 N 维欧式空间的映射。这种映射是高度非线性的，其主要用于以下几个方面。

（1）模式识别与分类：用于文字 OCR、图像的识别和图像分类等。

（2）函数逼近：用于非线性控制系统的建模和各种非线性函数的逼近等。

（3）数据压缩：用于图像的编码压缩和存储等。

（4）数据预测：股票预测、温湿度、酸碱度预测等。

BP 神经网络结构如图 4-5 所示。

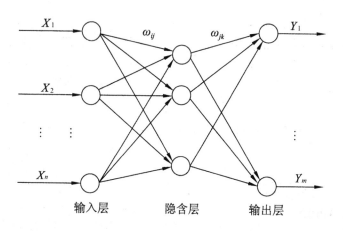

图 4-5 BP 神经网络结构

BP 学习算法的基本原理是梯度最速下降法。它的中心思想是调整网络层的权值，使整个网络总误差最小，也就是采用梯度下降方法，求解期望输出和实际输出的最小平方误

差值的过程。网络的学习过程是一种误差向后传播、再不断更新修正权值和阈值系数的过程。

多层网络应用 BP 学习算法时，实际上包含了正向和反向传播两个阶段。在正向传播过程中，输入信息从输入层经隐含层逐层处理，并传向输出层，每一层神经元的状态只影响下一层神经元的状态。如果在输出层不能得到期望输出，则转入反向传播，将误差信号沿原来的连接通道返回，通过修改各层神经元的权值和阈值，使输出误差信号最小。除了输入层的节点外，隐含层和输出层节点的输入是前一层节点输出的加权和。每个节点的激活程度由它的输入信号、激活函数和节点的偏置来决定。

对于 BP 神经网络的说明，各类书籍比比皆是，然而在实际应用过程中，或许我们根本不需要懂其原理，只需要参阅一下 BP 神经网络的说明使用即可，因为神经网络本身就是一个黑匣子，然后通过设置的参数运行，得到想要的结果。对于 BP 神经网络的设置，权值和阈值的设置显得尤为关键，其可以设置为一个定值，也可以采用工具箱默认设置，进而由系统动态地调整权值和阈值。

（二）MATLAB BP 神经网络工具箱

在 MATLAB 中常用的前馈型 BP 网络的转移函数有 logsig、tansig 和 purelin。当网络的最后一层采用曲线函数时，输出被限制在一个很小的范围内，如果采用线性函数（purelin）则输出可为任意值。logsig、tansig 和 purelin 这 3 个函数是 BP 网络中最常用到的函数，但是如果需用额外的转移函数，用户也可以自定义函数。

在 BP 网络中，状态转移函数可求导是非常重要的，tansig、logsig 和 purelin 都有对应的导函数 dtansig、dlogsig 和 dpurelin。对于转移函数的导函数，MATLAB 工具箱提供带字符"deriv"的转移函数：

tansig('deriv')
ans = dtansig
其中,tansig 函数如下：
function a = apply(n,param)
% Copyright 2012 The MathWorks,Inc.
a = 2./(1+exp(-2 * n))-1;
logsig 函数如下：
function a = apply(n,param)
%Copyright'2012 The MathWorks,Inc.
a = 1./(1+exp(-n));
purelin 函数如下：
function a = apply(n,param)
%PURELIN. APPLY
% Copyright 2 0 1 2 The MathWorks,Inc.
a = n;
1. 训练前馈网络的第一步是建立网络对象
函数 newff 建立一个可训练的前馈网络，MATLAB 工具箱中的调用格式如下：

net=newff(P,T,S,SPREAD)

参数说明：

P 是一个 $R \times 2$ 的矩阵，用于定义 R 个输入向量的最小值和最大值；T 是一个包含每层神经元个数的数组；S 是包含每层用到的转移函数名称的细胞数组；SPREAD 是用到的训练函数的名称。

函数 newff 例子如下：

net=newff([0 2,1 5],[5,1],('tansig','purelin'),'traingd');

这个命令建立了网络对象并且初始化了网络权重和偏置，接下来该网络就可以进行训练了。

在训练前馈网络之前，权重和偏置一般需要初始化。初始化权重和偏置的工作用命令 init 来实现。int 函数接收网络对象并初始化权重和偏置后返回网络对象。

MATLAB 工具箱中 init 函数的调用格式如下：

net=init(net)

参数说明：

net 是输入的神经网络，可以通过设定网络参数 net. initFcn 和 net. layer {i} . initFcn 来初始化一个给定的网络。net. initFcn 用来决定整个网络的初始化函数。前馈网络的默认值为 initlay，它允许每一层用单独的初始化函数。

初始化 init 函数被 newff 函数所调用。因此当网络创建时，它根据默认的参数自动初始化。init 函数不需要单独调用，只需要重新初始化权重和偏置或者进行初始化自定义即可。可以用 rands 初始化第一层的权重和偏置，具体代码如下：

net. layers{l} . initFcn='initwbl';

net. inputWeights{1,1} . initFcn='rands';

net. biases{1,1} . initFcn='rands';

net. biases{2,1} . initFcn='rands';

net=init(net);

2. 网络模拟（sim）

函数 sim 模拟一个网络，调用格式如下：

A=sim(net,P)

参数说明：net 是函数 sim 接收的网络对象；P 是接收的网络输入；A 为返回的网络输出 a。

```
>>net=newff([0 2;1 5],[5,1],{'tansig','purelin'},'traingd');
警告:NEWFF used in an obsolete way.
>Innnerr. obs_use(line 101)
Innewff>create network(line 126)
Innewff(line 101)
    See help for NEWFF to update calls to the new argument list.
>>p=[1;1;7;4;0;6;3;0;8;7];
>>a=sim(net,p)
a=
```

-0.6292

调用 sim 函数来计算一个同步输入 3 向量网络的输出，编程如下：

```
>>p=[1 1 7;4 0 6];
>>a=sim(net,p)
a=
    -0.2070    -1.4 923    -0.8027
```

3. 网络训练

一旦网络加权和偏差被初始化，网络就可以开始训练了。我们能够训练网络来做函数近似、预测、模式分类、识别等。网络训练处理需要网络输入 p 和目标输出 t。在训练期间网络的加权和偏差不断地把网络性能函数 net. performFcn 减少到最小。

前馈网络的默认性能函数是均方误差（mse），即网络输出和目标输出 f 之间的均方误差。

误差梯度主要由误差反向传播决定，其要通过网络实现反向计算。

MATLAB 自带函数 train 用于训练一个神经网络，其调用格式如下：

[net,R]=train(net,X,T)

参数说明：net 为接收的初始网络对象；X 为网络输入；T 为目标输出；返回结果中的 net 为训练后的网络；R 为训练后的网络的标记。

（三）基于 BP 网络的上证指数预测

采用 BP 神经网络工具箱进行上证指数的预测分析如下。

（1）上证指数绘制图形，具体程序如下：

```
clc,clear,close all       % 清屏、清理工作区、关闭图形窗口
warning off              %取消警告
feature jit off          %加速通道'
%%导入数据
%load('data. mat')       % 加载数据
load('price. mat')       % 加载数据
data=closeprice;         % 收盘价
x-1:length(data);        % 输入为数据长度,等效于时间
y=data;                  % 上证指数
plot(x,y)
```

由此得到如图 4-6 所示的图形。

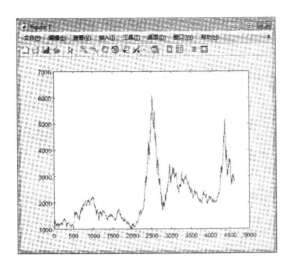

图 4-6　上证指数图形

（2）归一化上证指数数据如下：

```
%                    %归一化
x = mapminmax（x）；    % x 归一化
y = mapminmax（y）'；   % y 归一化
plot（x，y）
```

得到如图 4-7 所示的图形。

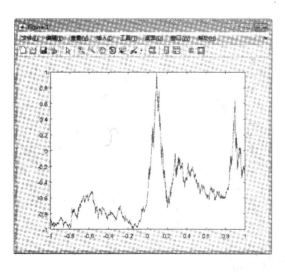

图 4-7　上证指数归一化图

（3）用时间长度的归一化数值作为 BP 神经网络的输入，归一化的上证指数值作为 BP 神经网络的输出，即输入层节点数为1，输出层节点数为1，隐藏层节点数由读者自己设定。

```
%%网络结构
inputnum = 1 ;                              % 输入层节点数
hiddennum : 10 ;                            % 隐藏层节点数
outputnum = 1 ;                             % 输出层节点数
net = newff ( minmax ( y ) , [ hiddennum , outputnum ] , { 'tansig' , 'purelin' ) , 'traingdm' ) ;
                                            %新建 BP 网格
                                            %当前输入层权值和阈值
inputWeights = net. IW{1,1} ;              % 输入的权值
inputloias = net. l0{1) ;                  % 输入的阈值
%当前网络层权值和阈值
layerWeights = net. LW{2,1} ;              % 输出层的权值
layerbias = net. b{2} ;                    % 输出层的阈值
%设置训练参数
net. trainParam. show = 50 ;               % 显示间隔
net. trainParam. lr =    0. 01 ;           % 学习率
net. trainParam. mc = 0. 9 ;               % 动量因子
net. trainParam. epochs = 1000 ;           % 学习次数
net. trainParam. goal = 1e-3 ;             % 学习目标
```

（4）设定好神经网络结构后，接下来进行神经网络的预测，具体如下：

```
%%网络预测
%调用 TRAINGDM 算法训练 BP 网络
[ net , tr ] = train( net , x , y ) ;
%对 BP 网络进行仿真
A_train = sim( net , x ) ;
%计算仿真误差
Error = y − A_train ;
%均方误差
disp' 网络训练均方误差 '
MSE = mse( Error )
figure( 1 )
plot( y , 'ro−−' , 'linewidth' , 2 )
hold on
plot( A_train , 'bs−−' , 'linewidth' , 2 )
legend( ' 实际值 ' , ' 输出值 ')
```

运行程序得到如图 4-8 所示的 BP 神经网络训练图。

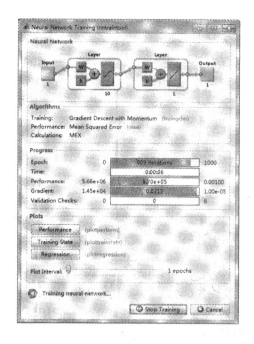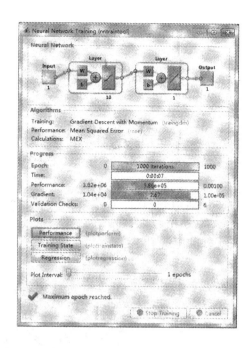

图 4-8　BP 神经网络训练图

运行程序得到如图 4-9~图 4-11 所示的预测结果。

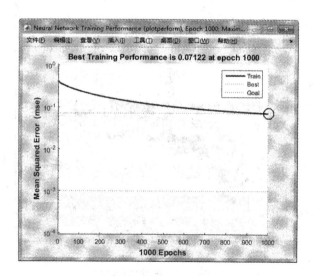

图 4-9　训练误差迭代图

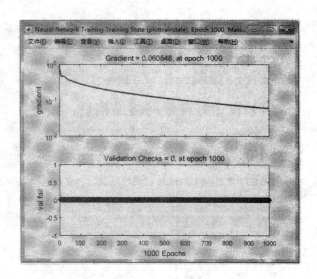

图 4-10　训练状态图

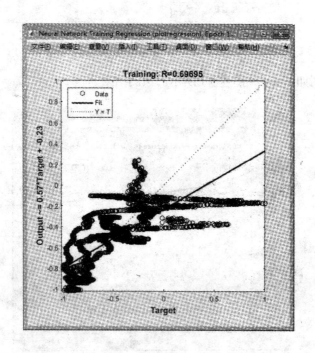

图 4-11　数据拟合结果

得到相应的上证指数预测结果如图 4-12 所示。

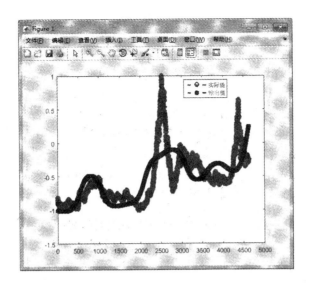

图 4-12 上证指数预测结果

采用线性神经网络预测的上证指数波动情况根本不能较好地逼近真实值，预测误差如图 4-13 所示。

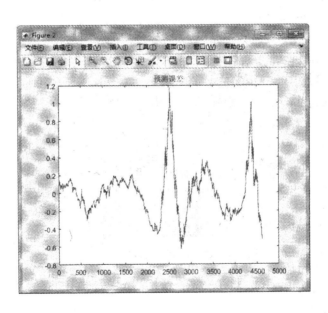

图 4-13 预测误差

由于上证指数无法用多元线性回归分析，因此预测误差还是很大的。

具体的基于 BP 网络的上证指数预测完整代码如下：

```
clc,clear,close all          % 清屏、清理工作区、关闭图形窗、口
warning off                  %取消警告
feature jit off              %加速通道
%%导入数据
```

```matlab
% load('data. mat')                    % 加载数据
load('price. mat')                     % 加载数据
data = closeprice;                     % 收盘价
x = 1:length (data);                   % 输入为数据长度,等效于时间
y = data;                              % 上证指数
%%归一化
x = mapminmax (x);                     % x 归一化
y = mapminmax (y)';                    % y 归一化
%%网络结构
inputnum = 1;                          % 输入层节点数
hiddennum = 10;                        % 隐藏层节点数
outputnum = 1;                         % 输出层节点数
net = newff (minmax (y),[hiddennum, outputnum],{'tansig','purelin'),'traingdrn');
                                       %新建 B P 网格
%当前输入层权值和阈值
inputWeights = net. IW{1,1};           % 输入的权值
inputbias = net. b{1};                 % 输入的阈值
%当前网络层权值和阈值
layerWeights = net. LW{2,1};           % 输出层的权值
layerbias = net. b{2};                 % 输出层的阈值
%设置训练参数
net. trainParam. show = 50;            % 显示间隔
net. trainParam. lr = 0. 01;           % 学习率
net. trainParam. mc = 0. 9;            % 动量因子
net. trainParam. epochs = 1000;        % 学习次数
net. trainParam. goal = 1e-3;          % 学习目标
%%网络预测
%调用 TRAINGDM 算法训练 BP 网络
[net,tr] = train (net,x. y);
%对 BP 网络进行仿真
A_train = sim(net,x);
%计算仿真误差
Error = y-A_train;
%均方误差
disp' 网络训练均方误差 '
MSE = mse (Error)
figure(1)
plot(y,'ro--','linewidth',2)
hold on
```

plot(A_train , 'bs--' , 'linewidth' , 2)

legend(' 实际值 ' , ' 输出值 ')

figure(2) ,

plot(Error)

title(' 预测误差 ')

二、PSO 优化的 SVM 多分类预测

粒子群算法（PSO）是一种群智能算法。与其他基于群体的进化算法相比，相同的是它们均初始化为一组随机解，通过迭代搜寻最优解。不同的是进化计算遵循适者生存原则，而 PSO 模拟社会。将每个可能产生的解表述为群中的一个微粒，每个微粒都具有自己的位置向量和速度向量，以及一个由目标函数决定的适应度。所有微粒在搜索空间中以一定的速度飞行，通过追随当前搜索到的最优值来寻找全局最优值。

设在一个 S 维的目标搜索空间中，有 m 个粒子组成一个群体，其中第 i 个粒子表示为一个 S 维的向量 $\vec{x_i} = (x_{i1}, x_{i2}, \cdots, x_{iS})$，$i = 1, 2, \cdots, m$，每个粒子的位置就是一个潜在的解。将 $\vec{x_i}$ 代入一个目标函数就可以算出其适应值，根据适应值的大小衡量解的优劣。第 i 个粒子的飞翔速度是 S 维向量，记为 $\vec{V} = (V_{i1}, V_{i2}, \cdots, V_{iS})$。记第 i 个粒子迄今为止搜索到的最优位置为 $\vec{P} = (P_{i1}, P_{i2}, \cdots, P_{iS})$，整个粒子群迄今为止搜索到的最优位置为 $\vec{P_{gS}} = (P_{gS}, P_{gS}, \cdots, P_{gS})$。

PSO 算法流程如图 4-14 所示。

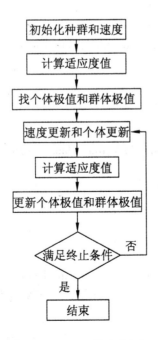

图 4-14　PSO 算法流程图

支持向量机 SVM 的惩罚因子 C 和径向基函数基宽因子 sigma 在实际应用中，如果按

照默认值设置，进行数据预测分析，往往导致预测精度不高，或者是预测不收敛的情况，因此支持向量机 SVM 的惩罚因子 C 和径向基函数基宽因子 sigma 的取值大小是个待优化的变量，由广大学者提取各种方法进行优化。这里采用 PSO 算法进行优化支持向量机 SVM 的惩罚因子 C 和径向基函数基宽因子 sigma。

PSO 算法主要优化支持向量机 SVM 的惩罚因子 C 和径向基函数基宽因子 sigma，SVM 采用 MATLAB 自带的工具箱函数进行训练预测，则适应度函数具体代码如下：

```
function fitness = fun(pop,train_data,train_output_data)
%支持向量机 SVM，support vector machine
%采用优化的惩罚因子 C 和径向基函数基宽因子 sigma，进行优化 SVM
%训练
%SVMStruct = fitcsvm(train_data,train_output_data,'] ooxc. onstraint',C,…
%          'KernelFunction','rlof','KernelScale',sigma);
% tic;                                      % 计时
C = pop. C;                                 % 惩罚因子 C
sigma = pop. sigma;                         % 径向基函数基宽因子 sigma
label = unique(train_output_data);          % 标签
numClasses = length (label);                % 分类标签数
result = zeros(length (train_data(:,1)),1); %分类标签预测结果
% SVM 向量机训练模型
for   k = 1:numClasses
    train_label = (train_output_data = = label(k));% 分类
    models(k) = svmtrain(train_data,train_label,…
        'boxconstraint',C,'kernel_function','rbf','rbf_sigma',sigma. );
end
%分类预测
for   j = 1:size (train_data,1)
    for k = 1:numClasses
        if(svmclassify(models(k),train_data(j,:)))
            break;
        end
    end
    result(j) = label(k);                  %训练样本预测结果
end
fitness = 1. /sum(sum(abs(result—train_output_data)));
                                           %预测误差最小,即为适应度函数值
```

相应的主函数程序如下：

```
clc,clear,close all          % 清屏、清理工作区、关闭图形窗口
warning off                  %取消警告
feature jit off              %加速通道
```

```
tic
globalpopmin1 popmax1    popmin2    popmax2    nvar
```
在此选用一组小样本数据，进行算法介绍。

加载数据，具体代码如下：
```
load('data. mat')
data0 = data;
for i = 1:size(data,2)                          % 样本归一化
    minmax(i,1) = min(data(:,i));
    minmax(i,2) = max(data(:,i));
    data(:,i) = (minmax(i,2)-data(:,i))./(minmax(i,2)-minmax(i,1));
end
```
构造训练预测数据，具体代码如下：
```
train_data = data(136:end,1:4);
train_output_data = data(136:end,5);
test_data = data(1:135,1:4);
test_output_data = data(1:135,5);
```
设置粒子群 PSO 算法参数，具体代码如下：
```
maxgen = 20;                            % 最大迭代次数；
sizepop = 5;                            % 种群数量1,
Vmax = 1;                               % 粒子速度上限
Vmin = -1;                              % 粒子速度下限
c1 = 1.4995;                            % 学习因子1
c2 = 1.4995;                            % 学习因子2
```
设置变量坐标取值范围，具体代码如下：
```
nvar = 2;                               % 未知量数量
Popmin1 = 0.1;popmax1 = 2;              % SVM 惩罚系数 C
popmin2 = 0.1;popmax2 = 2;              % SVM 径向基函数基宽 sigma
```
初始化粒子群 PSO 种群位置，具体代码如下：
```
pop = [];
for i = 1:sizepop
    Pop1. C = unifrnd(popmin1,popmax1,1,1);      % 均匀分布解
    Pop1. sigma = unifrnd(popmin2,popmax2,1,1);  % 均匀分布解
    pop = [pop;pop1];
fitness(i) = fun(pop(i,:),train_data,train_output_data);
end
clear pop1
V = Vmax * rands(sizepop,2);            % 初始化速度
[bestfitness,bR] = max(fitness);        % 亮度最高的保留
zbest = pop(bR,:);                      % 全局最佳
```

```
fitnesszbest = bestfitness ;                              % 全局最佳适应度值
gbest = pop ;                                             % 个体最佳
fitnessgbest = fitness ;                                  % 个体最佳适应度值
trace = zbest ;                                           % 记录最优的种群
```

粒子群 PSO 算法迭代寻优，具体代码如下：

```
for i = 1 : maxgen
    disp( [ 'Iteration' num2str( i ) ] ) ;
    % 计算适应度值
for j = 1 : sizepop
    % 速度更新
    V( j , : ) = V( j , : ) + cl * rand * ( [ gbest( j ).c , gbest( j ).sigma ] - [ pop( j ).C , pop( j ).
sigma ] ) + ...
        c2 * rand * ( [ zbest.C , zbest.sigma ] - [ pop( j ).C , pop( j ).sigma ] ) ;
    V( j , find( V( j , : ) > Vmax ) ) = Vmax ;          % 上限
    V( j , find( V( j , : ) < Vmin ) ) = Vmin ;          % 下限
    % 种群更新
    pop( j ).C = pop( j ).C + 0. 5 * V( j , 1 ) ;
    pop( j ).sigma = pop( j ).sigma + 0. 5 * V( j , 2 ) ;
    % pop 个体取值范围约束
    if pop( j ).C > popmax1                               % 上限
        pop( j ).C = popmax1 ;
        elseif pop( j ).C < popmin1                       % 下限
            pop( j ).C = popmin1 ;
        end
        if pop( j ).sigma > popmax2                       % 上限
            pop( j ).sigma = popmax2 ;
            elseif pop( j ).sigma < popmin2               % 下限
                pop( j ).sigma = popmin2 ;
            end
            fitness( j ) = fun( pop( j , : ) , train_data , train_output_data ) ;
                                                          % 计算适应度值
        % 个体最优更新
        if fitness( j ) > fitnessgbest( j )
            gbest( j , : ) = pop( j , : ) ;
            fitnessgbest( j ) = fitness( j ) ;
        end
        % 群体最优更新
        if fitness( j ) > fitnesszbest
            zbest = pop( j , : ) ;
```

```
        fitnesszbest = fitness(j);
    end
end
trace = [trace, zbest];                          % 记录最优的种群
fitness_iter(i) = fitnesszbest;                  % 最优适应度值
End
time = toc;
disp(['CPU 计算时间 = 'num2str(time)])
save PSO_iter_result. mat fitness_iter tracezbest gbest train_data
train_output_data data0 data test_data test_output_dataminmax
figure(1),
plot(fitness_iter, 'b. -', 'linewidth', 2); grid on;
xlabel(' 迭代次数 '); ylabel(' 适应度值 '); axis tight;
```
计算适应度值, 具体代码如下:
```
[fitnessZ, predict_result] =
fun_predict(zbest, train_data, train_output_data, test_data);
disp([' 最优惩罚因子 C = 'num2str (zbest. C)])
disp([' 最优径向基函数基宽 sigma = 'num2str(zbest. sigma)])
figure(2),
plot(data0 (136:end, end), 'r. -', 'linewidth', 2); axis tight;
hold on
```
反归一化, 具体代码如下:
```
plot(minmax (endt2)-predict_result{1} * (minmax (end,2)-minmax (end,1)), 'b. -',
'linewidth', 2); axis tight;
legend(' 原始训练样本 ',' 训练样本预测值 '); hold off;
figure(3),
plot(data0(1:135, end), 'r. -', 'linewidth', 2); axis tight;
hold on
%反归一化
plot(minmax (end,2)-predict_result{2} * (minmax (end,2)-minmax (end,1)), 'b. -',
'linewidth', 2); axis tight;
legend(' 原始测试样本 ',' 测试样本预测值 '); hold off;
RMSE = sqrt(mean((data(1:135,end)'-predict re sult{2}).^2));
lR2 = 1-sum(data(1:135,end)'-predict result{2})./sum(data(1:135,end)-mean
(data(1:135,end)));
disp(['RMSE = 'num2str(RMSE)])
disp(['R2 = 'num2str(R2)])
```
均方根误差 rmse 迭代画图,具体代码如下:
```
for i=1:length(trace)
```

```
    gbest iter=trace(:,i);
    [fitnessZ,predict result]=
fun_predict(gbest iter,train data,train_output_data,test data);
    RMSEiter=sqrt(mean((data(1:135,end)'-predict result{2)).A 2));
    RMSE iter(i)=RMSEiter;
end
figure(4),
plot(RMSE_iter,'b. -','linewidth',2);grid on;
xlabel('迭代次数');ylabel('RMSE 值');axis tight;
```

相应的 fun_predict 预测函数具体代码如下：

```
function[fitness,predict_result]=fun_predict(pop,train_data,train_
output_data,test_data)
%支持向量机 SVM,support vector machine
%采用优化的惩罚因子 C 和径向基函数基宽因子 sigma. 进行优化 SVM,
%训练
%SVMStruct=fitcsvm(train_data,train_output_data,'looxconstraint',C,...
%        'KernelFunction','rbf','KernelScale',sigma);
% tic;                                    % 计时
C=pop. C;                                 % 惩罚因子 C
sigma=pop. sigma;                         % 径向基函数基宽因子 sigma
label=unique(train output data);          % 标签
numClasses=length(label);                 % 分类标签数
result=zeros(length(train data(:,1)),1);  % 分类标签预测结果
% SVM 向量机训练模型
for j=1:numClasses
    train_Label=(train_output_data==label(k))% 分类
    models(k)=svmtrain(train_data,train_label,...
        'boxconstraint',C,'kernel_function','rbf_sigma',sigma);
end
%分类预测
for j=1:size(train_data,1)
    for k=1:numClasses
        if(svmclassify(models(k),train dat a(j,:)))
            break;
        end
    end
    result(j)=la:bel(k);                  % 训练样本预测结果
end
fitness=1. /sum(sum(abs(result-train_output_data)));
```

%toc   %预测误差最小,即为适应度函数值

                                           % 计时结束

```
for j = 1:size(test_data,1)
  for k = 1:numClasses
    if(svmclassify(models(k),test data(j,:)))
      break;
    end
  end
  result2(j) = label(k);            % 测试样本预测结果
end
predict result{1} = result;         % 训练样本预测结果
predict result{2} = result2;        % 测试样本预测结果
```

运行程序, 得到结果如下:

Iteration   1

Iteration   2

Iteration   3

Iteration   4

Iteration   5

Iteration   6

Iteration   7

Iteration   8

Iteration   9

Iteration   10

Iteration   11

Iteration   12

Iteration   13

Iteration   14

Iteration   15

Iteration   16

Iteration   17

Iteration   18

Iteration   19

Iteration   20

CPU 计算时间 = 280. 3234

最优惩罚因子 C = 1. 241

最优径向基函数基宽 sigma = 0. 11919

RMSE = 0. 020001

第五章　计算机工程图形算法与应用

在工程中，图形是表达与交流技术思想的重要信息，如工程图样是产品制造加工技术文件，画法几何图解结果是应用空间思维特色来求解几何元素的度量与定位问题的图形。随着计算机技术在图形处理领域中的应用，图形的输入、输出、生成、表示和变换等已经渗透到各个工程应用领域中，我国很多高校均已开设了计算机图形方面的课程。本章将围绕计算机工程图形的算法及应用来展开研究，内容包括计算机辅助图形算法、工程曲线及曲面的程序设计与绘制、曲面交线与展开图的计算机图形程序设计等。

第一节　计算机辅助图形算法概述

一、空间几何元素度量和定位的投影变换

由正投影原理可知，几何元素与投影面处于一般位置时，其投影的度量性质是变化的。因此在利用画法几何方法图解几何度量和定位问题时，一般是利用投影变换的方法使几何元素与投影面处于特殊位置，以便在新投影面上来度量几何元素的原形或使新投影更有利于解题。在此，所谓度量问题是指具有测量数值性质的问题，而所谓定位问题是指确定几何图形相互从属关系的问题。在点、线、平面范围内基本的度量、定位问题有：

（1）两点之间的距离。
（2）点至直线的距离。
（3）点至平面的距离。
（4）直线与平面的夹角。
（5）平面与平面的夹角。
（6）直线与平面的交点。
（7）平面与平面的交线。
（8）求平面的实形。

当构成这些度量、定位问题的几何图形与投影面处于一般位置时，上述基本问题的解在投影面上的投影与解的原形之间存在着一定的关系。为了使这些问题的解能在投影面上直接得到反映，一般要通过如下方法作图：

（1）对两点之间的距离，可将连接两点的直线变换为投影面平行线，则两点之间的距离 L 就在该投影面上反映实长。

（2）对点至直线的距离，可将直线变换成某投影面的垂线，点亦随之变换，则点到直线的距离 L 就在该投影面上得到反映。

（3）对点至平面的距离，可将平面变换成某投影面的垂直面，点亦随之变换，则点到平面的距离 L 就可在该投影面上求得。

（4）对直线与平面的夹角，可将直线变换成水平线，将平面变换成正平面，则直线与平面的夹角口可在水平投影面上得到。

（5）对两平面之间的夹角，可将两平面同时变换成投影面的垂直面，则两平面之间的夹角口可在该投影面上得到。

（6）对直线与平面的交点，可将平面变换成投影面的垂直面，比如变换成正垂面，直线也随之变换，则在正投影面上得到交点的正面投影，由从属性可得交点的水平投影。

（7）对两平面交线，可将其中一个变换成投影面的垂直面，比如变换成正垂面，另一平面也随之变换，则在正投影面上得到交线的正面投影，由从属性可得交线的水平投影。

（8）对平面实形，可将平面变换成投影面的平行面，比如变换成水平面，则在水平投影面上可得到该平面的实形。

上述各基本度量或定位问题需经过适当次数的投影变换。从理论上讲，只要在变换投影面的过程中，作图绝对准确，则其解也是精确的。但在实际作图时，要做到绝对准确是不可能的。每一步作图都带有误差，经过若干步作图后，其误差积累使其成为非精确解。为了既能利用投影变换的直观性，又能得到精确的结果，可用形、数、计算机结合的方法使解题的过程体现直观性并能进行定量分析。要由计算机精确求解，就必须在投影变换的基础上，寻求图形之间的量的联系，从而建立起解题的数学模型，再根据数学模型设计计算机绘图程序，使问题在几何、数学、计算机图形相结合的方法中得到直观的精确解。

二、投影变换的数学模型

在解上述各种基本度量、定位问题的过程中，有两种基本的投影变换：一是将一般位置直线变换为投影面的垂直线；二是将一般位置平面变换为投影面的平行面。现分别建立这两种投影变换的数学模型。

（一）一般位置直线变换为投影面垂直线的数学模型

设 α_0、β_0 为确定直线空间方位的已知参数，如图 5-1 所示。

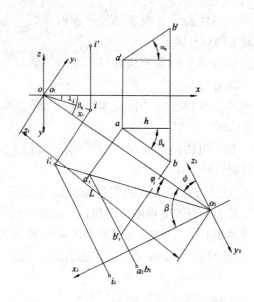

图 5-1　一般位置直线的投影变换

根据投影变换的作图顺序，在相应的投影体系中建立一个坐标系与之对应。如图 5-1 中，V/H 与 $oxyz$ 对应；V_1/H 与 $o_1x_1y_1z_1$ 对应；V_1/H_2 与 $o_2x_2y_2z_2$ 对应。且使 $oxyz$ 与 $o_1x_1y_1z_1$ 共原点，即 o、o_1 两点重合在 x 轴上，而坐标系 $o_2x_2y_2z_2$ 的原点建立在 x_1 轴上，o_2、o_1 相距为 L。由投影变换的方法可知 L 的长度可以任意选取而对解题结果并无影响。将直线 AB 进行第二次变换时，投影体系 V_1/H_2 与新投影体系 V_1/H_2 的相对位置取决于 H_2 面和 V_1 面的交线 x_2 轴的位置，也即由 β 角确定。由此可知，直线 AB 经二次投影变换后的投影取决于 β_0 和 β 角。在将一般位置直线变换为投影面的垂直线的系统中，如有一点 $I(x_i,\ y_i,\ z_i)$ 随直线 AB 一起变换，则 I 点经一次投影变换后其在 $o_1x_1y_1z_1$ 坐标系中的坐标为

$$\begin{cases} x_{i1} = \sqrt{x_i^2 + y_i^2}\cos(\beta_0 - \lambda_i) \\ y_{i1} = \sqrt{x_i^2 + y_i^2}\sin(\beta_0 - \lambda_i) \\ z_{i1} = z_i \\ \lambda_i = \arctan\left(\dfrac{y_i}{x_i}\right) \end{cases} \tag{5-1}$$

经第二次投影变换后其在 $o_2x_2y_2z_2$ 坐标系中的坐标为

$$
\begin{cases}
x_{i2} = \dfrac{L - x_{i1}}{\cos\varphi_i}\cos(\beta - \varphi_i) \\[2mm]
y_{i2} = y_{i1} \\[2mm]
z_{i2} = \dfrac{L - x_{i1}}{\cos\varphi_i}\sin(\beta - \varphi_i) \\[2mm]
\beta = \dfrac{\pi}{2} - \varphi \\[2mm]
\varphi = \arctan(\tan\alpha_0\cos\beta_0) \\[2mm]
\varphi_i = \arctan\left(\dfrac{z_i}{L - x_{i1}}\right)
\end{cases}
\tag{5-2}
$$

式（5-1）、式（5-2）即为一般位置直线变换为投影面垂直线的数学表达式。

（二）一般位置平面变换成投影面平行面的数学模型

已知平面上三个点的坐标 Ⅰ (x_1, y_1, z_1)；Ⅱ (x_2, y_2, z_2)；Ⅲ (x_3, y_3, z_3)。将一般位置平面变换为投影面的平行面的作图顺序可参见图5-2。在相应的投影体系中建立不同的坐标系与之对应，即 V/H 与 $oxyz$ 对应；V_1/H 与 $o_1x_1y_1z_1$ 对应；V_1/H_2 与 $o_2x_2y_2z_2$ 对应。且使 $oxyz$ 与 $o_1x_1y_1z_1$ 共原点，即 o、o_1 两点重合在 x 轴上，而坐标系 $o_2x_2y_2z_2$ 的原点建立在 x_1 轴上，o_2、o_1 相距为 L。由投影变换的方法可知 L 的长度可以任意选取而对解题结果并无影响。将平面 △ⅠⅡⅢ 一次投影变换时，投影体系 V/H 与新投影体系 V_1/H 的相对位置取决于 H 面和 V_1 面的交线 x_1 轴的位置，也即由角 φ 确定。第二次投影变换时，投影体系 V_1/H 与新投影体系 V_1/H_2 的相对位置取决于 H_2 面和 V_1 面的交线 x_2 轴的位置，也即由 θ 角确定。由此可知，平面经二次投影变换后，其投影取决于 φ，θ 角，而 φ，θ 角则由投影变换的目的及已知条件确定。由图5-2中一般位置平面变换成投影面的平行面的作图步骤可知：

$$
\frac{x_2 - x_4}{x_1 - x_4} = \frac{y_2 - y_4}{y_1 - y_4} = \frac{z_2 - z_4}{z_1 - z_4}
\tag{5-3}
$$

令

$$
\frac{x_2 - x_4}{x_1 - x_4} = \frac{y_2 - y_4}{y_1 - y_4} = D
$$

则有

$$
D = \frac{z_2 - z_4}{z_1 - z_4}
$$

由此得

$$
x_4 = \frac{Dx_1 - x_2}{D - 1}; \quad y_4 = \frac{Dy_1 - y_2}{D - 1}; \quad z_4 = z_3
\tag{5-4}
$$

$$
\varphi = \arctan\left(\frac{x_4 - x_3}{y_3 - y_4}\right)
\tag{5-5}
$$

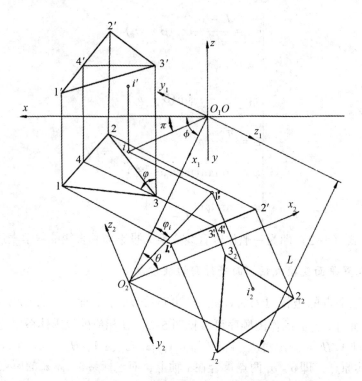

图 5-2　一般位置平面变换为投影面的平行面

在将一般位置平面变换为投影面的平行面的体系中，如有一点 $I(x_i, y_i, z_i)$ 随直线平面 $\triangle$ I II III 一起变换，则 I 点经一次投影变换后其在 $o_1x_1y_1z_1$ 坐标系中的坐标为

$$\begin{cases} x_{i1} = \sqrt{x_i^2 + y_i^2}\cos(\varphi - \lambda_i) \\ y_{i1} = \sqrt{x_i^2 + y_i^2}\sin(\varphi - \lambda_i) \\ z_{i1} = z_i \end{cases} \tag{5-6}$$

I 点经第二次投影变换后其在 $o_2x_2y_2z_2$ 坐标系中的坐标为

$$\begin{cases} x_{i2} = \dfrac{L - x_{i1}}{\cos\varphi_i}\cos(\theta - \varphi_i) \\[2mm] y_{i2} = y_{i1} \\[2mm] z_{i2} = \dfrac{L - x_{i1}}{\cos\varphi_i}\sin(\theta - \varphi_i) \\[2mm] \theta = \arctan\left[\dfrac{z_1 - z_2}{\sqrt{x_1^2 + y_1^2}\cos(\varphi - \lambda_1) - \sqrt{x_2^2 + y_2^2}\cos(\varphi - \lambda_2)}\right] \\[2mm] \lambda_1 = \arctan\left(\dfrac{y_1}{x_1}\right); \lambda_2 = \arctan\left(\dfrac{y_2}{x_2}\right) \\[2mm] \varphi_i = \arctan\left(\dfrac{z_i}{L - x_i}\right) \end{cases} \tag{5-7}$$

式（5-6）、式（5-7）即为一般位置平面变换为投影面的平行面的数学模型。

三、投影变换计算机程序设计

（一）将一般位置直线变换成投影面垂直线的程序设计

```
( defun C:Lp1-1( )                              Lp1-1 为程序名
  ( setq af0( getreal" af0 = " ) )              输入 af0 角
  ( setq bt0( getreal" bt0 = " ) )              输入 bt0 角
  ( setq L1( getreal" L1 = " ) )                输入 L1 值( 任意)
  ( setq afr( / ( * af0 pi) 180 ) )             将 af0、bt0 角度转换成弧度
  ( setq btr( / ( * bt0 pi) 180 ) )
  ( setq s0( getpoint" enter start point" ) )   给出起始点 s0
  ( setq sx( car s0 ) )                         获取起始点的坐标 s0
  ( setq sy( cadr s0 ) )
  ( setq sz( caddr s0 ) )

  ( setq A( list 30 10 15 ) )                   给出 A、B 两点的坐标
  ( setq B( list 100 50 60 ) )
  ( setq Xa( +sx( car A ) ) )                   获取 A、B 点的坐标
  ( setq ya( +sy( cadr A ) ) )
  ( setq za( +sz( caddr A ) ) )
  ( setq xb( +SX( Car B ) ) )
  ( setq yb( +sy( cadr B ) ) )
  ( setq zb( +sz( caddr B ) ) )
( setq dya( / ya xa ) )                         求 A、B 两点对应的 A
( setq lada( atan dya ) )
( setq dyb( / yb xb ) )
( setq ladb( atan dyb ) )

( setq daa( -afr lada ) )                       求 a- λ
( setq dab( -afr ladb ) )
( setq xal( * ( sqrt( +( * xa xa)( * ya ya) ) )( cos daa) ) )
                      求 A、B 点一次变换后在 o1x1y1z1 坐标系中的坐标
( setq yal( * ( sqrt( +( * xa xa)( * ya ya) ) )( sin daa) ) )
( setq zal za )
( setq xbl( * ( sqrt( +( * xb xb)( * yb yb) ) )( cos dab) ) )

( setq ybl( * ( sqrt( +( * xb xb)( * yb yb) ) )( sin dab) ) )
( setq zbl zb )
```

```
(setq fia(/za(-L1 xa1)))            求第二次变换时 A、B 点对应的 φ 值
(setq fiar(atan fia))
(setq fib(/zb(-L1 xb1)))
(setq fibr(atan fib))
                                    求 x₁、x₂ 轴的夹角 β

(setq ps(/(*(sin afr)(cos btr))(cos afr)))
   (setq psr(atan ps))
   (setq bt1(-(/pi 2)psr))
                                    求 A、B 两点二次变换后在 o₂x₂y₂z₂ 坐标系中的坐标
(setq xa2(*(cos(-fiar bt1))(/(-L1 xa1)(cos fiar))))
(setq ya2 ya1)
(setq za2(*(sin(-fiar bt1))(/(-L1 xa1)(cos fiar))))
(setq xb2(*(cos(-fibr bt1))(/(-L1 xb1)(cos fibr))))
(setq yb2 yb1)
(setq zb2(*(sin(-fibr bt1))(/(-L1 xb1)(cos fibr))))
```

(二) 将一般位置平面变换成投影面平行线的程序设计

```
(defun C:Lp1-2()              Lp1-2 为程序名
  (setq s0(getpoint" enter start poi"输出起始点 s0
  (setq L(getreal" \nL-"))     输入 L(任意值)
  (setq sx(car s0))
  (setq sy(cadr s0))          取得 s0 点的坐标
  (setq sz(eaddr s0))
  (setq xa(getreal" \nxa="))   输入平面 △ABC 三个点的坐标
  (setq ya(getreal" \nya="))   (以 s0 为坐标系原点)
  (setq za(getreal" \nza="))
  (setq xb(getreal" \nxb="))
  (setq yb(getreal" \nyb="))
  (setq zb(getreal" \nzb="))
  (setq xc(getreal" \nxc="))
  (setq yc(getreal" \nyc="))
  (setq zc(getreal" \nzc="))
  (setq xa(+xa sx))           求平面 △ABC 在世界坐标系中的坐标
  (setq ya(+ya sy))
  (setq za(+za sz))
  (setq xb(+xb sx))
  (setq yb(+yb sy))
  (setq zb(+zb sz))
```

（setq xc（+xc sx））

（setq yc（+yc sy））

（setq zc（+zc sz））

（setq d（/（-zb zc）（--za zc）））求 D 点坐标

（setq xd（/（-（ * d xa）xb）（-d 1）））

（setq yd（/（-（ * d ya）yb）（-d 1）））

（setq zd zc）

（setq ps（/（-xd xc）（-yc yd）））求 x_1、x_2 轴的夹角 φ

（setq pse（atan ps））

（setq dya（/ ya xa））　　　　　　　　求 A、B、C 三点所对应的 λ 角

（setq lada（atan dya））

（setq dyb（/ yb xb））

（setq ladb（atan dyb））

（setq dye（/ yc xc））

（setq ladc（atan dyc））

（setq xa1（ * （sqrt（+（ * xa xa）（ * ya ya）））（cos（-pse lada）））））
　　　　　　　　　　求 A、B、C 三点一次变换后三点的新坐标

（setq ya1（ * （sqrt（+（ * xa xa）（ * ya ya）））（sin（-pse lada）））））

（setq za1 za）

（setq xb1（ * （sqrt（+（ * xb xb）（ * yb yb）））（cos（-pse ladb）））））

（setq yb1（ * （sqrt（+（ * xb xb）（ * yb yb）））（sin（-pse ladb）））））

（setq zbl zb）

（setq xcl（ * （sqrt（+（ * xc xc）（ * yc yc）））（cos（-pse ladc）））））

（setq yc1（ * （sqrt（+（ * xc xc）（ * yc yc）））（sin（-pse ladc）））））

（setq zc1 zc）

（setq z12（-zb za））

（setq pl（ * （sqrt（+（ * xa xa）（ * ya ya）））（cos（-pse lada）））））
　　　　　　　　　　　求 θ、φ 角

（setq p2（ * （sqrt（+（ * xb xb）（ * yb yb）））（cos（-pse ladb）））））

（setq sit（atan（/z12（-pl p2）））））

（setq fia（atan（/za（-L xa1）））））

（setq fib（atan（/zb（-L xb1）））））

（setq tic（atan（/ZC（-L xc1）））））

（setq xa2（ * （/（-L xa1）（COS fia））（cos（-sit fia）））））
　　　　　　　　　　求 A、B、C 三点二次投影变换后的新坐标

```lisp
(setq ya2 ya1)
(setq za2( * (/ (-L xa1)(cos fia))(sin(-sit fia)))))
(setq xb2( * (/ (-L xb1)(cos fib))(cos(-sit fib)))))
(setq yb2 yb1)
(setq zb2( * (/ (-L xb1)(cos fib))(sin(-sit fib)))))
(setq xc2( * (/ (-L xc1)(cos tic))(cos(-sit tic)))))
(setq yc2 ycl)
(setq zc2( * (/ (-L xc1)(cos fie))(sin(-sit tic)))))
(setq pa1(list xa1 za1))
(setq pb1(list xb1 zb1))
(setq pc1(list xc1 zc1))
(setq pa2(list xa2 ya2))
(setq pb2(list xb2 yb2))
(setq pc2(list xe2 yc2))
(setq av(list xa za))
(setq by(list xb zb))
(setq cv(list xc zc))
(command"pline"av bv cv av"" )                    绘制新投影
(setq ah(list xa ya))
(setq bh(list xb yb))
(setq ch(list xc ye))
(command"pline"ah bh eh ah"" )
(setq abe(ssget"1" ))
(command"move"abc"" "120,110" "120,-300" )
(command"pline"pa2 pb2 pc2 pa2"" )
(command"line" "0,0" "600,0"" " )
(princ)
(command"zoom" "a" )
)
```

第二节　工程曲线程序设计与绘制

一、几何参数曲线的程序设计

几何参数曲线主要有渐开线、抛物线、双曲线、椭圆线、心形线、坩线、玫瑰线、摆线等。应用程序设计绘制几何参数曲线主要步骤为根据曲线的几何作图方法建立曲线的参数方程，再由参数方程设计绘图程序。

（一）渐开线

1. 渐开线的作图步骤

（1）在基圆上做出若干等分点；

（2）自每个等分点作基圆的切线，并在每条切线上量取相应的圆弧长度；

（3）连接各切线端点即得渐开线。

根据渐开线的形成，图 5-3 中以 θ 角作为控制切线位置的参数，分析渐开线上某一点的坐标与 θ 角的关系，并考虑 θ 角的变化范围即可得渐开线的参数方程为：

$$x = x_0 + R(\cos\theta + \theta\sin\theta)$$
$$y = y_0 - R(\sin\theta - \theta\cos\theta) \tag{5-8}$$
$$0 \leqslant \theta \leqslant 2\pi$$

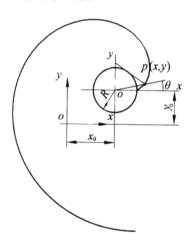

图 5-3　计算机绘制的渐开线

2. 渐开线曲线的程序设计

```
(defun C:Lp3-1(/p0 phi phimax phimin)
(setvar" cmdecho"0)
(setvar" blipmode"0)
(setq p0( getpoint" enter center of basis circle" ) )
(setq r( getdist" enter radius of basis circle" ) )
(command" circle" p0 r)
(setq phimin( getreal" phimin" ) )
(setq phimax( getreal" phimax" ) )
(setq dphi( getreal" deltaphi" ) )
(setq x0( car p0)y0( cadr p0) )
(setq phi phimin)
    (setq phimin(/( * phimin pi)180) )
    (setq phimax(/( * phimax pi)180) )
(setq dphi(/( * dphi pi)180) )
```

```
( setq x1( +x0( * r( +( cos phi)( * phi( sin phi)))))))
( setq y1( +y0( * r( -( sin phi)( * phi( cos phi)))))))
( setq phi( +phi dphi))
( while( <-phi phimax)
( setq x2( +0( * r( -( sin phi)( * phi( cos phi)))))))
( command" line"( list x1 y1)( list x2 y2)" ")
( setq x1 x2 y1 y2 phi( +phi dphi))
)
    )
```

（二）平摆线

1. 平摆线的作图步骤

（1）在直线上取 AA' 等于滚动圆周的展开长度。

（2）将滚动圆周及 AA' 线段按相同等分量等分。

（3）过圆周上各等分点作直线 AA' 的平行线。

（4）当圆由 O_1 滚动到 O_2 位置时，圆 O_2 与过点 2 所作的平行线相交于 P_2，此即动点由 P_1 到 P_2 的新位置。用此方法依次求出各动点的位置即可连成平摆线，如图5-4所示。

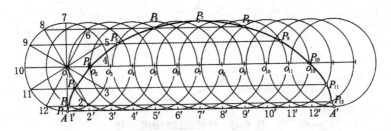

图5-4　摆线的形成

2. 平摆线的程序设计

```
( defun C: Lp3-2( )
( setvar" cmdecho" 0)
( setvar" blipmode" 0)
( setq p0( getpoint" enter center of basis circle"))
( setq R( getreal" \n enter radius of basis circle R"))
( setq x0( car p0) y0( cadr p0))
( setq x1 x0)
( setq y1( +y0 R))
    ( setq pl( list x1 y1))
( command" circle" pl R)
    ( setq i0)
    ( while( <-i 360)
```

```
    (setq ang(/( * i pi)180))
(setq x2(+x0( * R(-ang(sin ang))))))
(setq y2(+y0( * R(-1(cos ang))))))
      (setq p2(list x2 y2))
      (setq p1 p2)
   (command"pline"p1 p2" ")
      (setq i(+i 1))
)
    )
```

（三）抛物线

1. 已知准线及焦点作抛物线的步骤

（1）过焦点 *F* 作对称轴 *AK* 垂直于准线 *MN*。

（2）求出抛物线的顶点 $O(AO = 1/2AF)$。

（3）在 *OK* 之间作分点 1，2，3，…（不一定等分）。

（4）过各分点作 l_1，l_2，l_3，… 垂直于 AK。

以 *F* 为圆心，依次以 A_1，A_2，A_3，… 为半径作弧，与 l_1，l_2，l_3，… 相交，连接交点 P_1，P_2，P_3，…，即为所求的抛物线。

2. 抛物线的程序设计

```
(defun C:Lp3-6()
(setvar"cmdecho"0)
(setvar"blipmode"0)
(setq p0(getpoint"enter top point:"))
(setq p(getreal" \n enter distance P"))
(setq x0(car p0)y0(cadr p0))
  (setq x1 x0)
  (setq y1 y0)
(setq x4 x0)
)
(setq y4 y0)
(setq t1 0)
(while(<-t1 3)
  (setq x2(+x0( * 2 P t1 t1)))
  (setq y2(+y0( * 2 P t1)))
  (setq p2(list x2 y2))
  (setq p1(list x1 y1))
  (command"pline"pl p2" ")
  (setq x1 x2 y1 y2)
(setq p4(list x4 y4))
```

```
(setq x3(+x0( *2 P t1 t1)))
(setq y3(-y0( *2 P t1)))
(setq p3(list x3 y3))
(command"pline"p4 p3" ")
(setq x4 x3 y4 y3)
(setq t1(+t1 0.1))
    )
```

二、三次参数样条插值曲线

在计算机绘图中，三次样条插值曲线是使用最广泛的一种曲线。因为它是保证各曲线段在连接点处达到二阶连续的最低次曲线；而且三次样条曲线的数学表达式简单，计算方便且性能稳定，便于分析。参数表示方法还有许多优点，如曲线的方程与坐标系的选择无关、化多值函数为单值函数等。

（一）三次参数样条插值曲线的数学表示

三次参数样条插值曲线的原理如图 5-5 所示。

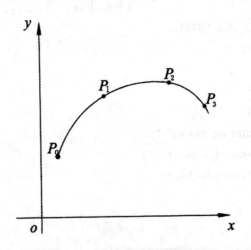

图 5-5　三次参数样条插值曲线

设有离散点 $P_0(x_0,y_0)$,$P_1(x_1,y_1)$, $\cdots P_n(x_n,y_n)$ ，若有一条曲线 $P(t)$ 满足：
（1）顺次经过点 $P_i(i = 0,1,\cdots,n)$ ；
（2）在每两个点 $P_i,P_{i+1}(i = 0,1,\cdots,n - 1)$ 之间是三次参数曲线；
（3）整段曲线是二阶连续的。
则称曲线 $P(t)$ 为三次参数样条曲线。
以 t 为参数表示的单参数三次曲线可由式

$$P(t) = a + bt + ct^2 + dt^3$$

$$x(t) = a_x + b_x t + c_x t^2 + d_x t^3$$

$$y(t) = a_y + b_y t + c_y t^2 + d_y t^3$$

$$z(t) = a_z + b_z t + c_z t^2 + d_z t^3$$

表示，每段三次样条曲线都是由其起始点处的切矢量 P_0、P_1 和起始点处的切矢量 P'_0、P'_1 来确定的。为叙述方便，只讨论 $P(t)$ 的一个分量 $x(t)$，将 $x(t)$ 的三次参数多项式用矩阵式表示，则有：

$$x(t) = \begin{bmatrix} t^3 & t^2 & t & 1 \end{bmatrix} \begin{bmatrix} d_x \\ c_x \\ b_x \\ a_x \end{bmatrix}$$

根据起始点条件，$x(0)$、$x(1)$、$x'(0)$、$x'(1)$ 的矩阵表达形式为：

$$x(0) = \begin{bmatrix} 0 & 0 & 0 & 1 \end{bmatrix} \begin{bmatrix} d_x \\ c_x \\ b_x \\ a_x \end{bmatrix}, \quad x(1) = \begin{bmatrix} 1 & 1 & 1 & 1 \end{bmatrix} \begin{bmatrix} d_x \\ c_x \\ b_x \\ a_x \end{bmatrix}$$

$$x'(0) = \begin{bmatrix} 0 & 0 & 1 & 0 \end{bmatrix} \begin{bmatrix} d_x \\ c_x \\ b_x \\ a_x \end{bmatrix}, \quad x'(1) = \begin{bmatrix} 3 & 2 & 1 & 0 \end{bmatrix} \begin{bmatrix} d_x \\ c_x \\ b_x \\ a_x \end{bmatrix}$$

上式可综合写为：

$$\begin{bmatrix} x_0 \\ x_1 \\ x'_0 \\ x'_1 \end{bmatrix} = \begin{bmatrix} 0 & 0 & 0 & 1 \\ 1 & 1 & 1 & 1 \\ 0 & 0 & 1 & 0 \\ 3 & 2 & 1 & 0 \end{bmatrix} \begin{bmatrix} d_x \\ c_x \\ b_x \\ a_x \end{bmatrix}$$

从中解出：

$$\begin{bmatrix} d_x \\ c_x \\ b_x \\ a_x \end{bmatrix} = \begin{bmatrix} 2 & -2 & 1 & 1 \\ -3 & 3 & -2 & -1 \\ 0 & 0 & 1 & 0 \\ 1 & 0 & 0 & 0 \end{bmatrix} \begin{bmatrix} x_0 \\ x_1 \\ x'_0 \\ x'_1 \end{bmatrix}$$

由此可得：

$$x(t) = \begin{bmatrix} t^3 & t^2 & t & 1 \end{bmatrix} \begin{bmatrix} d_x \\ c_x \\ b_x \\ a_x \end{bmatrix} = \begin{bmatrix} t^3 & t^2 & t & 1 \end{bmatrix} \begin{bmatrix} 2 & -2 & 1 & 1 \\ -3 & 3 & -2 & -1 \\ 0 & 0 & 1 & 0 \\ 1 & 0 & 0 & 0 \end{bmatrix} \begin{bmatrix} x_0 \\ x_1 \\ x'_0 \\ x'_1 \end{bmatrix}$$

同理：

$$y(t) = \begin{bmatrix} t^3 & t^2 & t & 1 \end{bmatrix} \begin{bmatrix} d_y \\ c_y \\ b_y \\ a_y \end{bmatrix} = \begin{bmatrix} t^3 & t^2 & t & 1 \end{bmatrix} \begin{bmatrix} 2 & -2 & 1 & 1 \\ -3 & 3 & -2 & -1 \\ 0 & 0 & 1 & 0 \\ 1 & 0 & 0 & 0 \end{bmatrix} \begin{bmatrix} y_0 \\ y_1 \\ y'_0 \\ y'_1 \end{bmatrix}$$

若令：

$$\begin{bmatrix} t^3 & t^2 & t & 1 \end{bmatrix} \begin{bmatrix} 2 & -2 & 1 & 1 \\ -3 & 3 & -2 & -1 \\ 0 & 0 & 1 & 0 \\ 1 & 0 & 0 & 0 \end{bmatrix} = \begin{bmatrix} F_0(t) & F_1(t) & G_0(t) & G_1(t) \end{bmatrix}$$

则有：

$$F_0(t) = 2t^3 - 3t^2 + 1$$
$$F_1(t) = -2t^3 + 3t^2$$
$$G_0(t) = t\,(t-1)^2$$
$$G_1(t) = t^2(t-1)$$

这组函数被称为混合函数。从上面的讨论中可以看出，曲线的形状是受曲线段两端点的位矢和切矢控制的，当端点的边界条件发生变化时，曲线的形状随之改变。

由方程可知，在已知两端点区间内的插值点坐标为：

$$x(t) = (2t^3 - 3t^2 + 1)\,x_0 + (-2t^3 + 3t^2)\,x_1(t^3 - 2t^2 + t)\,x'_0 + (t^3 - t^2)\,x'_1$$
$$y(t) = (2t^3 - 3t^2 + 1)\,y_0 + (-2t^3 + 3t^2)\,y_1(t^3 - 2t^2 + t)\,y'_0 + (t^3 - t^2)\,y'_1$$

（二）三次参数样条插值曲线程序设计

设两端点坐标分量为：$x_0 = 20$，$y_0 = 120$；$x_1 = 350$，$y_1 = 60$

两端点的切矢分量为：$x'_0 = 2$，$y'_0 = 5$；$x'_1 = 8$，$y'_1 = 5$

绘制三次参数样条插值曲线设计程序如下：

```
(defun C：Lp3 - 19( )
  ( setq x0 ( getreal" \n enter   x0 = " ))
  ( setq y0 ( getreal" \n enter   y0 = " ))
  ( setq  x1 ( getreal" \n  enter  x1 = " ))
  ( setq y1 ( getreal" \n enter   y1 = " ))
  ( setq x10   ( getreal" \n enter  x10 = " ))
  ( setq y10 ( getreal" \n enter   y10 = " ))
  ( setq x11 ( getreal" \n enter  x11= " ))
  ( setq y11 ( getreal" \n enter  y11 = " ))
  ( setq xs xo ys y0)
  ( setq p0( list xs ys ))
  ( setq t1 0 step 0. 01 )
  ( while(( = t1 1.0)
```

```
(setq a1(+(-( * 2 t1 t1 t1)( * 3 t1 t1)1))))
(setq a2(-( * 3 t1 t1 t1)( * 2 t1 t1)))
(setq a3(+(-( * t1 t1 t1)( * 2 t t1)1))))
(setcl a4(-( * t1 t1 t1)( * t1 t1)))
  (setq x(+( * a1 x0)( * a2 x1)( * a3 xl0)( * a4 x11))))
  (setq y(+( * a1 y0)( * a2 y1)( * a3 yl0)( * a4 y11))))
  (setq p1(list x y))
  (command "pline" p0 p1 ""))
  (setq p0 p1)
  (setq t1(+ t1 step))
  )
)
```

第三节　工程曲面程序设计与绘制

一、工程曲面的数学描述

(一) 曲面的参数表示

二元函数 $z = f(x,y)$ 可以表示一个曲面，但是对于复杂曲面，用二元函数却难以表示。在计算几何中，通常应用两个参数 u，w 表示，称为双参数曲面。设曲面上的一点 $P(x,y,z)$，P 点的每一个坐标都是 u，w 的函数，即：

$$x = x(u,w)$$
$$y = y(u,w) \tag{5-9}$$
$$z = z(u,w)$$

这时向径表达式为：

$$P(u,w) = x(u,w) i + y(u,w) j + z(u,w) k \tag{5-10}$$

向径表达式中 i，j，k 是沿三个直角坐标轴的单位向量。$P(u,w)$ 是引自坐标原点的向量，P 是向径的终点，它是 u，w 的函数。当 u，w 遍历它们的变动区域时，向径终点的轨迹是一个曲面。这样一来，曲面应用双参数 u，w 可表示为：

$$P(u,w) = \{x(u,w), y(u,w), z(u,w)\} (a \le u \le b, c \le w \le d) \tag{5-11}$$

式中 a，b，c，d 定义 u，w 参数的变化域，即曲面的定义域。记为 $(u,w) \subset R$。当 u，w 在定义域中变化时，$P(u,w)$ 在空间坐标系中变化。即 $o - uw$ 坐标系中的任何一点均与 $o - xyz$ 坐标系中的点呈一一映射的对应关系。曲面定义域中的一对参数 u，w 确定曲面上的一个点，如果 w 参数不变而变动 u，则可得一条 u 线；反之，令 u 固定而变化 w，则求得一条 w 线。所有的 u 线和 w 线形成一个网，称为参数曲线网。

当平面域为正方形时，即 $0 \le u \le 1$，$0 \le w \le 1$，则 u，w 平面上 4 条线：$u = 0$，$u =$

1，$w = 0$，$w = 1$ 对应空间的 4 条边界线。这时，$P(0,0)$，$P(1,0)$，$P(1,1)$，$P(0,1)$ 称为曲面的 4 个角点，$P(u,0)$，$P(u,1)$，$P(0,w)$，$P(1,w)$ 称为曲面的 4 条边界线。

(二) 旋转曲面

旋转曲面是一类常用的物体表面，这类表面常使用参数方程进行描述。其中包括球面、椭球面、环面、抛物面和双曲面等。二次曲面，尤其是球面和椭球面，是最基本的曲面。

1. 球面

在笛卡尔坐标系中，中心在原点，半径为 r 的球面定义为满足下列方程的点集 (x,y,z)：

$$
\begin{aligned}
x &= r\cos\varphi\cos\theta \\
y &= r\cos\varphi\sin\theta \\
z &= r\sin\varphi \\
&-\frac{\pi}{2} \leqslant \varphi \leqslant \frac{\pi}{2} \\
&-\pi \leqslant \theta \leqslant \pi
\end{aligned}
\tag{5-12}
$$

式中角度参数 ϕ，如图 5-6 所示。

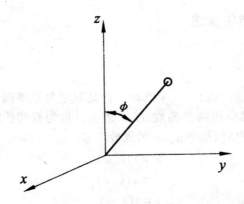

图 5-6 参数坐标位置 $(r，\theta，\varphi)$ 在半径为 r 的球面上

球面绘图程序设计如下：

```
(defun C:Lp5 - 1( )
  (setq r(getreal  "r= "))
  (setq u0)
  (while(( = u1)
    (setq w0)
    (while(( = w1)
      (setq x1( * r(cosu)(cos w))
      (setq y1( *  r(cosu) (sin w)))
      (setq z1( * r(sinu)))
        (setq p1(list x1 y1 z1))
```

```
(setq x2(x   r(cosu) (cos w)))
(setq y2( *   r(cosu) (sin w)))
(setq z2( * r(sin u)))
    (setq p2(list x2 y2 22))
        (command"line" p1 p2 ""))
    (setq w( + w 0.01))
      (setq p1 p2)
          )
    (setq u( + u 0.01))
  )
)
```

2. 椭球面

椭球面可以看作是球面的扩展，其中三条相互垂直的半径具有不同的值，如图 5-7 所示。椭球面的参数方程为：

$$x = a\cos\varphi\cos\theta$$
$$y = b\cos\varphi\sin\theta$$
$$z = c\sin\varphi$$
$$-\frac{\pi}{2} \leqslant \varphi \leqslant \frac{\pi}{2}$$
$$-\pi \leqslant \theta \leqslant \pi$$

(5-13)

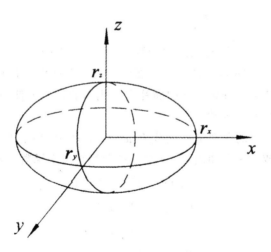

图 5-7 中心在原点，半径为 a、b、c 的椭球面

椭球面绘图程序设计如下：

```
(defun C：Lpo - 2()
  (setq a(getreal "a= "))
  (setq b(getreal   "b= "))
  (setq c(getreal   "c= "))
  (setq u0)
```

```
(while (( = u1)
  (setq w0)
  (while (( = w 1)
    (setq x1( * a(cos u)(cos w)))
    (setq y1( *   b(cos u) (sin w)) )
    (setq z1( *   c(sin u)) )
      (setq p1(list x1 y1 z1))
    (setq x2( * a(cos u)(cos w)))
    (setq y2( *   b(cos u) (sin w)))
    (setq z2( * c(sin u)))
      (setq p2(list x2 y2 22))
        (command"line"   p1 p2 " ")
    (setq w(+ w 0.01))
      (setq p1 p2)
        )
      (setq u(+ u 0.01))
        )
```

二、孔斯曲面的设计与绘制

(一) 双三次曲面的参数方程

1964 年，孔斯提出了一种构造曲面的数学方法。孔斯方法的基本思想是，把一个复杂的曲面看作是由若干个曲面片光滑拼接而成，每一个曲面片都用一个数学方程式来描述。设计曲面从单个曲面片开始，在曲面片之间相邻的边界上使位置、斜率、曲率连续，以保证整个曲面光滑且有连续性。

双三次曲面是由给定的两对边界曲线 $P(u, 0)$，$P(u, 1)$，$P(0, w)$，$P(1, w)$ 及 4 个基函数混合起来生成的一个曲面片。4 个基函数都是三次函数，定义如下：

$$F_0(t) = 2t^3 - 3t^2 + 1$$
$$F_1(t) = -2t^3 + 3t^2$$
$$F_2(t) = t^3 - 2t^2 + t \qquad\qquad (5-14)$$
$$F_3(t) = t^3 - t^2$$
$$0 \leqslant t \leqslant 1$$

并定义：$\begin{aligned} P^u(u, w) = \partial P(u, w)/\partial u \\ P^w(u, w) = \partial P(u, w)/\partial w \end{aligned}$ 为切矢量

定义：$P^{uw}(u, w) = \partial P(u, w)/\partial u \partial w$ 为扭矢量

图 5-8 表示各角点的位置向量和切线向量，这些向量均是已知量。这样，双三次曲面片的方程式可写为：

$$P(u,w) = [\,F_0(u)\ F_1(u)\ F_3(u)\ F_4(u)\,]$$

$$= \begin{bmatrix} P(0,0) & P(0,1) & P^u(0,0) & P^u(0,1) \\ P(1,0) & P(1,1) & P^u(1,0) & P^u(1,1) \\ P^w(0,0) & P^w(0,1) & P^{uw}(0,0) & P^{uw}(0,1) \\ P^w(1,0) & P^w(1,1) & P^{uw}(1,0) & P^{uw}(1,1) \end{bmatrix} \begin{bmatrix} F_0(w) \\ F_1(w) \\ F_3(w) \\ F_4(w) \end{bmatrix} \qquad (5-15)$$

$$(0 \leqslant u \leqslant 1, 0 \leqslant w \leqslant 1)$$

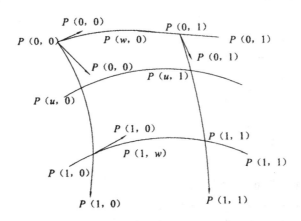

图 5-8 曲面片各角点的信息

四阶方阵 P 中左上角的二阶方阵是角点位置，右下角二阶方阵是角点扭向量，其余两个方阵是角点沿 u，w 方向的切线向量。

（二）孔斯曲面的程序设计

```
(defun C:Lp5 - 9()
    (setq u0)
  (while(<= u1)
    (setq w0)
  (while(<= w1)
  (setq a11(-( * 3 uuu)( * 4.5 uU)))
    (setq a12(-(+( *    3.75 u u) ( *    0.75 u) 0.75)( *    3 u u u)))
    (setq a13(-( *    0.75 u u)( *    0.75 u) 0.75))
    (setq a14 0.75)
    (setq b11 0)
    (setq b12(-( * 0.75 u)( * 0.75 u u)))
    (setq b13(+ (-( *    0.75 u u) ( *    0.75 u))0.75))
    (setq b14( * 0.75 u))
    (setq c11 1.5)    .
      (setq c12(- ( *    0.75 u) ( *    0.75 u u)2.25))
      (setq c13(+ (-( *    0.75 u u) ( *    0.75 u))0.75))
```

```
(setq c14 0)
(setq x1(+( * a11 w w W)( * a12 w w)( * a13 w) a14))
(setq y1(+( * b11 w w w)( * b12 w w)( * b13 w) b14))
(setq z1(+( *  c11 w w w)( *  c12 w w)( *  c13 w) c14))
(setq p1(list x1 y1 z1))
    (setq x2(+( * a11 w w w)( * a12 w w)( * a13 w) a14))
    (setq y2(+( *  b11 w w w) ( *  b12 w w)( *  b13 w) b14))
    (setq z2(+( * c11 w w w)( * c12 w w)( * c13 w) c14))
    (setq p2(list x2 y2 22))
     (command"line" p1 p2 " ")
     (setq w(+ w 0.01))
     (setq p1 p2)
(princ   "\n  x1 = " ) (princ   x1)
(princ " \n y1 = " ) (princ y1)
(princ   " \n z1 = " ) (princ z1)
(princ   " \n x2 = ") (princ x2)
(princ " \n y2 = ") (princ y2)
(princ " \n z2 = ") (princ z2)
    )
(setq u(+ u 0.01))
  )
  (command " textscr" )
)
```

第四节　曲面交线与展开图的计算机图形程序设计与应用

一、平面与圆柱面的交线与展开线

（一）参数方程解析

图 5-9 表示一个圆柱面被平面截切而成为截头圆柱面。其截交线方程为圆柱面方程与截平面方程的解。以圆柱面轴线为 z 轴，半径为 R，角参数为 α，则圆柱面方程为：

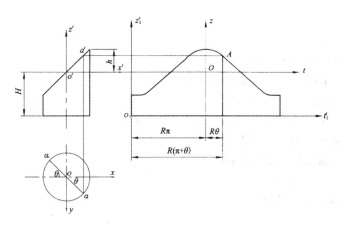

图5-9　斜口圆管展开曲线的图解计算

$$x = R\cos\theta$$
$$y = R\sin\theta \tag{5-16}$$

如截平面为正垂面，以截平面与 z 轴的交点作为坐标原点 O，则截平面方程为：

$$z = \tan\alpha x \tag{5-17}$$

式中 h 为斜口最高处到 x 轴的距离。解式（5-16）、（5-17）则得：

$$z = R\tan\alpha\cos\theta$$

由于圆柱面展开后底圆为一直线且与素线垂直，为方便起见，将横坐标向下移动 H 距离，并设素线长度为展开图的纵坐标 z，底圆周展开的弧长为横坐标 t，则截交线的展开方程为：

$$z = H - R\tan\alpha\cos\theta$$
$$t = R\theta \tag{5-18}$$
$$0 \leq \theta \leq 2\pi$$

截交线的展开曲线，底圆的展开直线及开缝所围成的图形即为斜口圆柱面的表面展开图。

(二) 截口圆柱展开线程序设计

```
(defun C:Lp6 - 1()
    (setq p0 (getpoint "\n 输入起始点　p0:"))
    (setq R (getreal "\11 输入半径 R:"))
    (setq H (getreal "\n 输入高度 H:"))
    (setq af (getreal "\n 输入角度 af:"))
    (setq afr (/ ( * pi af) 180))
    (setq x0 (car p0))
    (setq z0 (cadr p0))
    (setq ta(/ (sin afr) (cos afr)))
    (setq x1 x0)
    (setq z1 (+ z0(- H (-x- R ta))))
```

```
(setq i 0)
(while(<= i 360)
    (setq p1(list x1 z1))
    (setq sit (/ ( * i pi) 180))
    (setq x2(+ x0 ( * R sit)))
     (setq z2(+ z0 (- H ( * R ta(cos sit))))))
    (setq p2 (list x2 22))
   (command "line" p1 p2 " ")
    (setq x1 x2 21 22)
    (setq i (+ i 1))
    )
  (setq p3(polar p0 0 ( * 2 pi R)))
  (setq p4(polar p3 (/ pi 2) z1))
  (setq p5(polar p0 (/ pi 2) z1))
    command"line" p5  p0  p3  p4" ")
)
```

二、平面与圆锥面的交线与展开线

（一）参数方程解析

图 5-10 所示为一个圆锥面被平面截切而成为截头圆锥面。

其截交线方程为圆锥面方程与截平面方程的解。以圆锥面轴线为 z 轴，以锥顶为原点 O，底圆半径为 R，角参数为 θ，如圆锥面上任意一点 P 的坐标为 x、y、z，则圆锥面方程为：

$$\frac{-z}{H} = \frac{x}{R\cos\theta}$$
$$y = x\tan\theta$$

(5-19)

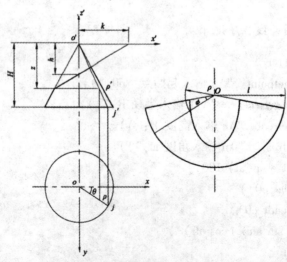

图 5-10 斜口锥管展开曲线的图解计算

截平面为正垂面，其方程为：

$$x = k\left(1 + \frac{z}{h}\right) \tag{5-20}$$

式中，h 为截平面与 z 轴的交点到原点的距离；k 为截平面与 x 轴交点到原点的距离。解式 (5-19)、(5-20) 则得：

$$z = \frac{-H}{R\cos\theta}k\left(1 + \frac{z}{h}\right) = \frac{Hk}{R\cos\theta + H\dfrac{k}{h}} \tag{5-21}$$

转换为极坐标时，取截交线上任一点到锥顶的实长 ρ 为半径；φ 为极角。如圆锥的素线长度为 l，按比例关系可得：

$$z = \frac{H}{l}\rho, \quad \theta = \frac{l}{R}\varphi \tag{5-22}$$

将交截线展开方程转换为极坐标方程，即：

$$\rho = -\frac{kl}{R\cos\theta + H\dfrac{k}{l}} \tag{5-23}$$

$$\varphi = \frac{R}{l}\theta$$

在展开图形中，扇形所对应的角度为：

$$\varphi_0 = \frac{2\pi R}{\sqrt{R^2 + H^2}} \tag{5-24}$$

所以，在直线坐标系中的参数方程为：

$$x = \rho\cos(\varphi_1 + \varphi)$$
$$y = \rho\sin(\varphi_1 + \varphi) \tag{5-25}$$

截交线的展开曲线、底圆的展开圆弧及开缝线所围成的图形即为斜口圆锥面的表面展开图。

(二) 斜口圆锥展开线程序设计

```
(defun C：Lp6 - 2( )
    (setq p0 (getpoint " \n 输入起始点 p0:"))
    (setq R    (getreal   " \n 输入半径 R:"))
    (setq H    (getreal   " \n 输入高度 H:"))
    (setq k    (getreal   " \n 输入截距 k:"))
    (setq hl   (getreai    " \n 输入截口高度  hl :")
    (setq   x0 (car p0))
    (setq   y0 (cadr p0))
    (setq L(sqrt(+ ( *   R R) ( *   H H))))
```

```
(setq al( * k L))
(setq a3(/( * k H)h1))
(setq pse0(/( * 2 pi R)L))
    (setq psel(/(-( * 2 pi)pse0)2))
    (setq R0(- 0(/ a1(+ R a3))))
    (setq xl(+ x0 ( * R0(cos pse1))))
    (setq yl (+ y0 ( * R0(sin pse1)))))
(setq i 0)
(while( ( = i 360)
    (setq ang(/( * i pi)180))
    (setq a2( * R(cos ang)))
    (setq R1(- 0 (1 a1(+. a2 a3)))))
    (setq fi(/( *   R ang) L))
    (setq p1(list x1 y1))
    (setq x2(+  x0  (x  R1(cos(+  psel  fi))))))
    (setq y2(+  y0  ( *   R1(sin(+  psel  fi))))))
    (setq p2(list x2 y2))
    (command"pline" p1 p2" ")
    (setq x1 x2 y1 y2)
    (setq i(+  i l))
    )
(setq xs0(+ x0 ( * R0(cos pse1))))
(setq ys0(+ y0 ( * R0(sin pse1))))
(setq psO(list xso ys0))
    (setq xe0(+ x0 ( * R0(cos (+ pse0 pse1)))))
    (setq ye0(+ y0 ( * R0(sin (+ pse0 pse1)))))
(setq pe0(list xe0 ye0))
    (setq xs(+ x0 ( * L(cos pse1))))
    (setq ys(+ y0 ( *   L(sin pse1))))
(setq ps(list xs ys))
    (setq xe(+  x0 ( *   L(cos (+  pse0 pse1)))))
    (setq ye(+ y0 ( * L(sin (+ pse0 pse1)))))
(setq pe(list xe ye))
    (setq xm x0)
    (setq ym(+ y0 L))
(setq pm(list xm ym))
(command"arc" ps pm pe" ")
 (command"line"   ps  pe0 " ")
 (command " line" pe   ps0 " ")
)
```

第六章 计算机数字视频图像处理算法与应用

随着数字视频图像处理技术的迅速发展，近年来各种视频应用层出不穷，特别是网络技术和无线通信技术的快速发展，不仅为视频图像处理技术的发展和应用提供了良好的平台，也使得视频应用有了更大的需求。在此种情况下，没有采用视频图像处理的传统行业现在也迫切需要将视频技术集成到其产品中。数字视频图像的应用领域也愈加广泛，本章就从数字视频处理的算法出发，分析了数字视频图像处理在视频监控系统中的应用。

第一节 数字视频图像处理算法

一、基于图像相关性的自适应快速编码单元划分方法

（一）方法背景

在 HEVC/H. 265 编码标准的编码器中，通常先将每一帧图像分割成若干个互不重叠的矩形块，每一个矩形块即为最大编码单元（简写为 LCU）。编码器以四叉树的形式并按照递归的方式把每一个 LCU 分割为不同尺寸的编码单元（简写为 CU），然后对 CU 选择帧内或帧间模式进行编码。CU 可以有 64×64、32×32、16×16、8×8 四种尺寸级别，通常把 64×64 作为最高尺寸级别（也称最大编码单元），把 8×8 作为最低尺寸级别（也称最小编码单元）。LCU 的分割过程主要用两个变量进行标记：分割深度（CU_Depth）和分割标记符（split_flag）。其中，CU 的尺寸（即图中标示出的 Size）大小和深度（即图中标示出的 Depth）相对应，尺寸为 64×64 的 CU 的深度为 0，尺寸为 32×32 的 CU 的深度为 1，尺寸为 16×16 的 CU 的深度为 2，尺寸为 8×8 的 CU 的深度为 3。而标记符主要用于表示是否对当前的 CU 进行四等份分割。

在 HEVC/H. 265 编码标准的编码器中，最大编码单元（简写为 LCU）划分方法不仅提高了计算复杂度，而且还存在效率低下的缺陷，从而影响视频编码效率。

（二）方法描述

方程流程图如图6-1所示。

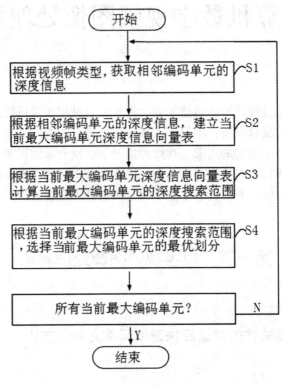

图6-1　方法流程图

步骤S1中，视频帧类型包括帧内编码帧、帧间编码帧；当所述当前最大编码单元为所述帧内编码帧时，获取与所述最大编码单元空间相邻的所述编码单元的所述深度信息；当所述当前最大编码单元为所述帧间编码帧时，获取与所述最大编码单元空间和时间相邻的所述编码单元的所述深度信息。获取与所述当前最大编码单元空间相邻的所述编码单元的所述深度信息时，按照位于所述当前最大编码单元的左边、上边、右上及左上的位置顺序依次获取空间相邻的所述编码单元的所述深度信息。获取与所述当前最大编码单元时间相邻的所述编码单元的所述深度信息时，按照位于所述当前最大编码单元的右下及同位置的位置顺序依次获取时间相邻的所述编码单元的所述深度信息。

步骤S2中，建立所述当前最大编码单元的所述深度信息向量表的方法如下：

第一，建立长度固定的空的所述深度信息向量表。

第二，向所述深度信息向量表中依次添加预定数量的空间域向量。

第三，向所述深度信息向量表中依次添加预定数量的时间域向量。

向所述深度信息向量表中依次添加预定数量的所述时间域向量时，按照位于所述当前最大编码单元右下及同位置的编码单元的深度信息次序，依次选择一个所述深度信息添加到所述深度信息向量表。将建立的所述当前最大编码单元的所述深度信息向量表的深度信息进行升序排序，选取最小和最大的所述深度信息作为所述当前最大编码单元的所述深度搜索范围。

步骤 3 中，计算所建立的所述当前最大编码单元的所述深度信息向量表的深度信息的平均值并向上取整，以所述深度信息的平均值为中心向上、向下分别扩充预定深度，作为所述当前最大编码单元的所述深度搜索范围；其中，当所述深度搜索范围的深度最大值大于 3 时，则选取 3 作为所述深度搜索范围的深度最大值。

步骤 4 中，遍历所述当前最大编码单元的所述深度搜索范围内的所有编码模式，按照递归的方式计算出每种所述编码模式的选取率失真代价，经过比较，选取率失真代价值最小的编码模式作为所述当前最大编码单元的最优划分。

一种实现基于图像相关性的自适应快速编码单元划分装置，包括信息获取模块、建表模块、计算深度范围模块及划分判断模块。

信息获取模块用于获取与当前最大编码单元相邻的编码单元的深度信息。

建表模块用于根据获取的与所述当前最大编码单元相邻的所述编码单元的所述深度信息，建立所述当前最大编码单元深度信息向量表。

计算深度范围模块用于根据所述当前最大编码单元深度信息向量表，计算所述当前最大编码单元的深度搜索范围。

划分判断模块根据所述当前最大编码单元的深度搜索范围，选择所述当前最大编码单元的最优划分。

这里所提供的自适应快速编码单元划分方法根据当前最大编码单元的视频帧类型，获取位于当前最大编码单元相邻的编码单元的深度信息，根据相邻的编码单元的深度信息建立当前最大编码单元深度信息向量表，从而确定出当前最大编码单元的深度搜索范围。与现有技术相比较，这种基于图像的相关性缩小了当前最大编码单元的深度搜索范围，减少了计算率失真代价的编码模式的数量，从而降低视频编码的计算复杂度，提高了视频编码的效率。

二、基于 TI C6455 的帧内编码算法的结构优化升级

自从 20 世纪 70 年代末的第一片数字信号处理器芯片（DSP）问世以来，DSP 就以其特有的稳定性、可重复性、可大规模集成和易于实现自适应处理等特点，给数字信号处理的发展带来了巨大机遇。与其他微处理器相比，DSP 采用程序总线和数据总线独立的哈佛总线结构，一般都设置多个并行操作的功能单元，具有支持地址计算的地址产生器，集成有数据 RAM 提高了 DSP 的数据处理能力。DSP 一般拥有一组或多组独立的 DMA 总线，与程序和数据总线并行工作，流水技术使得若干条指令的不同执行阶段可以并行执行，提高了系统的计算能力。

由于通用高性能 DSP 面向的是数据密集型应用，要求其具有很高的并行性，因此 DSP 采用了具有独立程序总线和多套数据总线的哈佛总线结构并具有丰富的计算资源。如果不能充分利用 DSP 的这种硬件结构和计算资源，算法的执行效率将无法提高，因此基于通用 DSP 的软件优化非常重要。下面介绍一下基于 TI C6455 的帧内编码算法的结构优化升级。

（一）基于 GMBL 的数据双缓存机制

目前，基于 PC 平台的视频编码器一般以帧为单位来组织数据的存储和调度，但是对于 DSP 为基础来实现视频编码器而言，该结构会严重影响编码器的效率。其原因是 DSP 的片内存储资源有限，不能满足视频编码器中视频帧存储空间的需求。为了避免 DSP 内核在编码过程中和访问速度较慢的片外存储器进行大量的数据交互，缓和内核处理速度与存取数据速度之间的矛盾，充分发挥 DSP 在数据处理上的优势，本文采用了一个基于 GMBL（若干行宏块组成的编码区域）的解决方案。

这里可将整帧图像划分为若干个 GMBL，对每个 GMBL 进行单独编码。GMBL 的大小由片内图像帧存的大小和图像的分辨率决定。以编码 720×576 分辨率的图像为例，则 GMBL 的大小为 120×576，如图 6-2 所示。编码器的数据存储结构分为两级：帧级缓存区和 GMBL 级缓存器。帧级缓存区设置在片外存储器中，GMBL 级缓存区设置在片内存储器中。这样编码一个 GMBL 所需要的编码图像、重建图像以及参考图像可以放在片内存储器中，充分利用了高速的片内存储器，减少了与外部存储器之间的交互，从而提高了编码的效率。

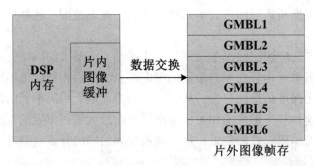

图 6-2　GMBL 编码方案与数据传输

由于片外存储器和片内存储器之间数据量传输非常大，如果对 720×576 分辨率的图像编码 25 帧/秒，这种数据传输的数据量大约为 50.5Mb/s。为了充分发挥 DSP 高速、并行处理的优点，本文使用 EDMA 来进行数据传输。为了使 EDMA 的数据传输与 DSP 内核的编码充分并行，本文将片内的数据存储器分为两部分，分别用作两个 GMBL 的编码图像、重建图像、参考图像的缓存区，从而实现一个基于 GMBL 的数据双缓存结构，如图 6-3所示。

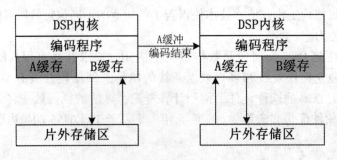

图 6-3　基于 GMBL 的数据双缓存结构

图 6-3 中阴影部分表示当前正在编码的 GMBL 所占用的内存区域。在 DSP 内核编码 A 缓存区中当前 GBML 的同时，EDMA 输出 B 缓存区中上一个重建图像到片外，用作下一帧的参考帧，然后输入下一个 GMBL 编码图像、参考图像（如果是预测子帧）到 B 缓存区中。当 DSP 内核完成 A 缓存区中 GMBL 编码后，就可以直接开始 B 缓存区中的 GMBL 编码。EDMA 输出 A 缓存区中上一个重建图像到片外和输入下一个 GBML 编码图像、参考图像。如此重复操作，可以充分发挥 DSP 核的高速并行处理能力，使 DSP 核与 EDMA 数据传输都分别对两个不同的缓存区进行操作，从而避免了可能的访问冲突，实现了完全的并行操作。

由于编码的视频数据为二维数据，且相邻两行的数据并非连续存放，如果采用传统的一维 EDMA，则每传送完一行数据后，需要重新配置和启动 EDMA。而用二维 EDMA 来传送二维数据块，则只需要一次 EDMA 动作，单次动作内不连续地址的切换由二维 EDMA 控制器自动完成，显然采用二维 EDMA 传输机制可以明显地降低 EDMA 开销时间。尽管二维 EDMA 相对于一维 EDMA 而言，极大地降低了 EDMA 开销时间，但是对视频编码而言，每次需要传送多个不连续二维数据块（Y、U、V），若采用独立的二维 EDMA 进行传输，需要启动 EDMA 三次。频繁的在程序中提交 EDMA 启动请求，一方面会中断编码程序，影响编码效率；另一方面会导致 EDMA 控制器有时处于空闲状态，影响数据传输和编码程序的并行性。

解决上述问题通常可采用两种传输方式：参数连接技术（EDMA linking）和通道链接技术（EDMA chaining）。参数连接技术通过从 EDMA 的参数 RAM 中重载配置参数来实现连续的 EDMA 传输，利用多组参数依次重新加载某一 EDMA 通道的配置参数。通道链接不同于参数连接，它不会修改或者更新任何通道的传输参数，而是将 A 通道链接到 B 通道，当 A 通道数据传输完毕后，会自动提供一个 B 通道事件，从而触发 B 通道进行数据传输。每个通道只需要配置一次通道链接方式，能够使用多个通道，本文采用的就是这种方式。

如图 6-4 所示，通道 A、B、C 分别用来传输 GMBL 的 Y、U、V 三个分量，使用通道链接功能能将这三个通道链接在一起。编码程序中只要给通道 A 提供一个事件以触发通道 A 的传输，那么，Y 分量传输结束后，通道 A 会自动产生一个事件，这个事件就可以触发通道 B 来完成 U 分量的传输。同样的道理，通道 B 传输结束后会自动触发通道 C 完成 V 分量的传输。这样，DSP 只需提供一个触发事件就可以触发三个分量的传输，这不但减少了数据传输对编码程序的中断次数，而且使 EDMA 得到充分了利用。

（二）DSP 存储空间的分配

基于 GMBL 的数据缓存机制将一帧的编码数据、重建数据、参考数据存放在片外，然后在片内存储器上开辟各类 GMBL 级缓存区。每个 GMBL 编码前将所需要的数据从片外存储空间读到片内存储空间，同时不再对一帧图像进行整体滤波和亚像素插值，而是在 GMBL 级上进行。片上数据缓存区主要包括以下几部分：编码数据缓存区、重构数据缓存区、整像素参考数据缓存区、亚像素参考数据缓存区、编码信息缓存区、码流缓存区以及其他编码数据结构，见表 6-1。用来存放重建后的 GMBL 数据，需要在从片内读出到片外之前进行扩边，以其为例计算缓冲区大小，为了预留扩边后数据的空间，水平扩边 32 行，

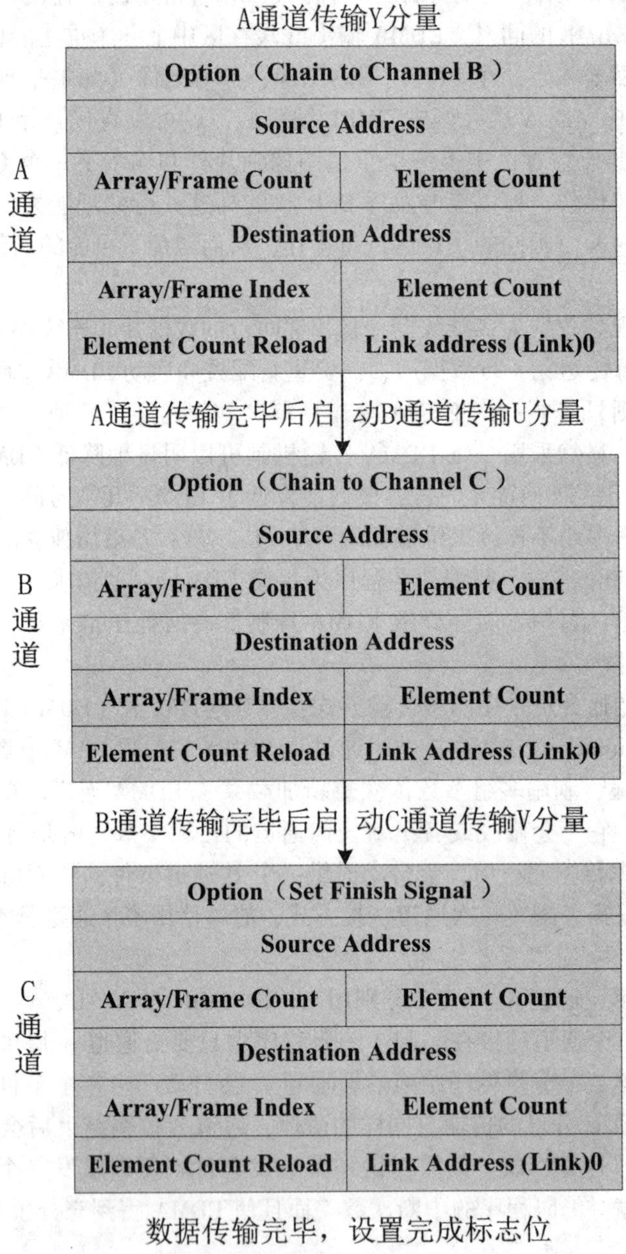

A通道传输Y分量

A 通 道	Option（Chain to Channel B）	
	Source Address	
	Array/Frame Count	Element Count
	Destination Address	
	Array/Frame Index	Element Count
	Element Count Reload	Link address (Link)0

A通道传输完毕后启动B通道传输U分量

B 通 道	Option（Chain to Channel C）	
	Source Address	
	Array/Frame Count	Element Count
	Destination Address	
	Array/Frame Index	Element Count
	Element Count Reload	Link Address (Link)0

B通道传输完毕后启动C通道传输V分量

C 通 道	Option（Set Finish Signal）	
	Source Address	
	Array/Frame Count	Element Count
	Destination Address	
	Array/Frame Index	Element Count
	Element Count Reload	Link Address (Link)0

数据传输完毕，设置完成标志位

图6-4 EDMA 通道链接实现 Y、U、V 传输

垂直扩边 32 列，一个 GMBL 缓冲区空间大小为(720+32×2)×(16×6+32×2)+(360+16×2)×(8×6+16×2)+(360+16×2)×(8×6+16×2)，总共 183.75Kb，则两个 GMBL 缓冲区空间大小为 367.5Kb。除此以外还有程序代码占用了一定的空间，大约 600Kb~700Kb 之间，还要预留 64Kb 空间用作堆栈，小于 TI C6455 DSP 提供的 2M 内存容量。如果把 GMBL 的大小改为 7 个宏块行，则内存空间满足不了要求，所以 GMBL 的大小为 6 个宏块行最大限度地满足了内存空间的分配要求，没有造成内存空间的浪费。

表 6-1　片内数据缓存区分配表

缓存区名称	作用	大小（bytes）
编码数据缓存区	用于存储要编码的视频原数据，在双缓存机制情况下，每个缓存区各包含 Y、U、V 三个分量	202.5K
重构数据缓存区	用于存储重建的视频数据，在双缓存机制下，每个缓存区各包含 Y、U、V 三个分量	367.5 K
整像素参考数据缓存区	用于存储要参考的视频数据，在双缓存机制下，每个缓存区各包含 Y、U、V 三个分量	367.5 K
亚像素参考数据缓存区	用于存储亚像素参考数据，本文采用基于宏块的亚像素插值，包含 Y、U、V 三个分量	1.68 K
编码信息缓存区	用于保存每个宏块对应的编码信息包括，块编码类型 mb_ type、块编码运动向量 mb_ mv、块参考帧 mb_ ref、块代价值 mb_ cost	150 K
码流缓存区	用于保存熵编码后产生的码流	120 K
编码器其他参数缓存区	用于存储编码器中其他的数据结构	25 K
总计		小于 1.25M

帧级编码方式中，亚像素插值是在整个编码帧全部编码完成、重建帧已经形成的时候，根据重建帧插值出水平、垂直、对角三个方向的亚像素参考帧。采用基于 GMBL 的数据双缓存机制后，整个重建帧存放在片外，如果要根据整个重建帧进行亚像素插值，需要访问速度较慢的外存储器。为了避免访问外存，有两种解决方案：一种是基于 GMBL 的亚像素插值方法，当参考 GMBL 读入到内存后，对整个参考窗数据进行亚像素插值，这种方式需要 735Kbytes 字节的缓存空间。假设一个半像素插值的运算量为 a，1/4 像素插值的运算量是 b，则这种情况下对整个参考窗插值的运算量 376320（a+b）。另一种是基于宏块的亚像素插值方法，将亚像素插值安排在每个宏块确定了整像素匹配向量后进行，以整像素运动向量的左上点为块的左上起点，先后插值出 17×17 的半像素块和 17×17 的 1/4 像素块。因此需要亚像素缓存区空间大小为 17×17×3×2＝1.68Kb，假设一个亚像素插值的运算量为 1，整个 GMBL 插值运算量最多为 234090（a+b），本文采用基于推导的快速亚像素运动估计算法能够直接计算出最优亚像素位置，一般计算量要小于上边的理论值。通过比较发现，基于宏块的亚像素插值方法无论从存储空间需求还是插值运算量上都优于基于 GMBL 的亚像素插值方法，因此本文采用基于宏块的亚像素插值方法，如图 6-5 所示。

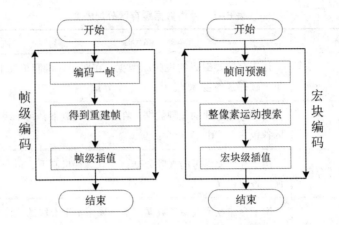

图 6-5　帧级亚像素插值与宏块级亚像素插值对比图

片外存储空间存储了帧级数据，主要有一帧原始图像数据、重建帧数据、参考帧数据以及编码后的码流。由于采用基于 GMBL 数据双缓存机制后，亚像素插值调整到宏块级进行，因此无需在片外另外开辟亚像素参考图像数据缓存区。

第二节　数字视频图像处理在视频监控系统中的应用

一、数字视频图像处理在智能交通监控系统中的应用

（一）智能交通监控系统设计原则

为保证设计与实现的系统能够切实满足用户需求，系统设计与实现过程应遵循以下原则：

1. 合理性原则

系统建设应按照当前交通管理模式的实际情况，公安、交警管理工作的流程，提供开放的软硬件接口，便于与其他信息系统对接。

2. 实用性原则

系统以实用性为主，切合实际，有效提高用户的工作效率，满足业务工作需要。系统硬件和软件平台界面布局合理、易学易用、便于操作。鉴于公安管理工作人员对系统操作简捷性的一贯要求，系统功能需按最终用户业务流程与操作系统分布，并且依此要求设计直观大方的交互界面。

3. 先进性原则

先进的系统设计理念，采用当前新兴先进的物联网传感器技术与设备，与当前技术发展相适应。

4. 标准性原则

因系统设计的目的是给国家公安、交通管理部门使用，故系统设计需符合国家标准和

行业标准的规定，符合设计规范及使用管理要求。

5. 可靠性原则

鉴于系统最终用户对系统高可靠性的需求，系统在设计中应充分考虑功能的完整性、数据查询结果的正确性，以及在不可预知的情况下系统数据崩溃后的可恢复性。且在系统软硬件设计中尽量选择使用成熟稳定的硬件产品以及经过验证的软件开发技术与算法。

6. 可维护性

系统应提供详细的日志记录功能以及必要的系统维护工具，便于系统故障时管理人员对故障进行分析及系统的维护工作。

7. 可扩展性

系统采用模块化结构、面向对象编程，减少各功能模块的融合度，可维护性强、可扩充性强，可灵活增加新的功能模块，并可方便升级新版本。

8. 安全性

系统具有完备的权限体系，支持单点登录，支持多种用户验证方式，对重要数据具有备份、恢复、导入、导出机制。

（二）智能交通监控系统设计

智能交通监控系统从硬件结构来看，可以将系统结构划分为两个子系统，分别为前端数据采集与分析子系统和系统管理平台。前端数据采集与分析子系统将抓拍到的车辆图片根据预设参数进行实时分析处理，获取车牌号码、车牌颜色、车辆类型等车辆特征，并将分析结果和图片文件进行本地存储后发送至系统管理平台数据管理模块，管理平台应用服务模块负责监测和分析数据管理模块的数据状态，并为用户提供功能服务，也为其他系统提供服务接口以供调用对接。

1. 前端数据采集与分析子系统设计

前端数据采集与分析子系统基于视频监控图像信息的采集与处理技术，同时图像的采集需要利用物联网传感器技术，图像的传输需要用到物联网网络传输技术，对目标行为判断需用到计算机模式识别技术，人工智能技术。主要完成对通过车辆进行抓拍，然后对抓拍图片即时分析出车辆特征，最后将图片文件和车辆信息统一发送至系统管理平台。

系统运行流程一般是：首先通过一体化数字摄像机对道路上行驶的车辆信息进行采集与识别。采集识别过程中为提供清晰的图像信息，防止光照因素对识别产生影响，使用闪光灯进行补光。信息采集后将存放在智能终端服务器中。同时将实时数据信息通过网络交换机与光纤网络传回管理中心，由管理中心智能交通综合管理平台进行智能化应用。下面对采集与检测涉及的主要设备选型进行描述。

（1）一体化数字摄像机。

在视频图像的成像质量影响方面，摄像机的性能起着决定性的作用。摄像机的成像单元按其成像原理分 CCD 和 CMOS 两种。其中的 CCD 相机由于其出色的夜间低照度情况下的图像质量成为本课题监控系统用于图像采集的首选。

（2）LED 频闪补光灯。

在视频图像采集识别过程中，为能采集到清晰的图像信息，防止光照强度低等因素对识别产生影响，系统设计使用闪光灯进行补光，以便在夜间无其他环境光的情况下，补光灯配合上述高清摄像机抓拍可获得清晰车牌、车身及周边环境信息。

在补光灯的选型设计上，由于公安和交警对监控画面质量要求越来越高，而且原来为抓拍补光的氙气灯光照强度过大，对驾驶员有影响。而 LED 光线相对要柔和些，所以本系统设计使用 LED 补光灯进行补光。在 LED 颜色的选择上面，由于高显色性的光可使得拍摄画面颜色更加真实，故而在选用高显色性的 LED 补光灯为系统的图像采集提供补光。

（3）前端服务器。

在现实应用中，由于在城市各主要道路路口等均需进行监控检测，而且由于使用高清设备进行前端视频图像的采集处理，故而数据量极大，如果将各个前端采集点的数据全部传回数据中心进行存储并由管理中心进行管理，将会对网络造成极大的压力，提高传输成本，同时也将对整体系统的实时性造成严重影响。因此在系统设计中加入前端服务器，在采集摄像头将视频图像进行采集后直接传输至就近的前端服务器进行存储及处理。这种设计具有如下优点：

1）将大量的视频数据进行分散存储，降低数据中心整体存储压力，同时在出现未知风险时只会对部分数据造成影响，保障数据安全。

2）将采集到的数据在各个前端服务器进行分散处理，降低总管理中心运算量，提升后台处理速度，提升实时性能。

3）前端服务器对数据进行分散处理后仅将有效信息按设定规则（如按时、按天、按数量级等）传回数据中心，这种设计减小实时网络传输量，提升传输速度。同时也可以在夜间、节假日等传输备份数据，对网络资源形成合理利用。

4）使用前端服务器进行预处理的同时可形成对前端设备的精确单个控制与维护，提升系统工作便利性。

通过上述三种前端设备结合使用以对实时视频流进行车辆检测，有车辆经过时通过图像抓拍、图像分析，将图像与车辆信息在本地存储，并将有效信息上传至系统管理平台。

2. 系统管理平台设计

智能交通综合管理平台是智能交通视频监控系统中的软件系统，也是整套系统的核心，可对车辆数据进行查询、布控以及数据挖掘工作。为公共安全及交通管理提供一些重要但平常无法发现的有效信息。整个智能交通综合管理平台采用 C/S 网络结构，形成一个布控、报警、数据挖掘的独立系统。在整个网络结构中，根据每个用户权限可以使用不同的功能。

（1）系统管理平台结构。

系统管理平台结构包括数据库服务器、文件服务器、应用服务器。数据库服务器用来存储前端数据采集与分析子系统上传的车辆信息数据；文件服务器用于存储前端数据采集与分析子系统上传车辆图片文件；应用服务器可对数据库服务器中的数据进行智能化数据挖掘工作，向客户端或其他系统提供服务接口。

（2）功能结构。

系统管理平台按照其应用功能类型将其划分为三大功能模块，分别是：基本功能模块、智能研判模块以及系统管理模块。基本功能模块除了视频实时监控相关的功能，还包括了布控、查询、统计、地图以及违法管理。智能研判模块的功能较基本功能模块相对复杂，它通过对车辆的检测、信息的采集及车辆的跟踪进行智能化的分析，实现车辆的行驶轨迹挖掘、首次进入统计以及频繁通过、套牌分析、关联分析等异常状况进行智能化的挖掘研判。系统管理模块主要针对一些系统基本设置、系统硬件基本信息、系统用户进行维护和管理。

在系统设计中，采取用户统一管理、分类授权模式进行设计，在用户使用系统功能前首先需要从统一的用户登录窗口登录系统，登录成功后平台根据用户权限对用户提供相应的功能。

（三）系统验证

为保证系统的可靠性、实用性、稳定性等基本性能，在系统完成设计与实现后针对系统开展模拟验证。本系统的验证主要是通过建设一个与现实交通管理应用环境一致的小范围验证环境，然后根据系统设计的功能开展一一验证，检查系统各项功能是否实现以及主要性能指标情况。通过对系统的验证，发现整个系统在实际应用场景中可能存在的问题以及功能设计中存在的缺陷，并对问题与缺陷进行分析和评估，并以此为依据对系统的设计进行优化完善。以确保依据设计而开发的产品是满足用户需求的、能为交通管理部门工作提供切实有效的帮助的工具。

二、数字视频图像处理在银行网络视频监控系统中的应用

视频监控系统以其直观、方便、信息内容翔实被广泛应用于生产管理、保安等场合，成为金融、交通、商业、电力、公安、海关、国防、住宅社区等领域安全防范监控的重要手段。下面以视频监控在银行业中的应用为例，介绍银行联网视频监控系统的组成及架构。

（一）银行联网安防系统建设需求特点

随着国民经济和银行业务的不断发展，金融机构的业务量迅速增长，与此同时业务纠纷也在增加，针对银行的恶性暴力事件也时有发生，所以对金融系统的安全提出了新的要求。从 2004 年起银行陆续开始试点网络视频监控，从 2006 年下半年开始进入网络化改造全面启动阶段。目前银行的视频监控系统正由数字化向网络化和智能化迈进，其中，24 小时自助银行、金库和营业网点的视频监控系统都有联网的需求。

银行联网安防系统需要整合远程报警、视频监控、图像传输等多方面的功能。银行保安人员、银行管理人员、银行督导人员、安防中心甚至公安部门都需要在视频监控网络上进行管理。因此其对系统的软件与硬件甚至网络都有很高的要求。

（1）系统应该连接大量的报警设备，一旦捕获到异常信号，系统能实现本地自动报警，上传报警信息实现远程报警。

（2）系统要求对重点图像在监控中心进行录像备份。

（3）系统能够将支行、二级支行、自助网点、ATM 机以及金库、办公大楼、机房的监控系统通过银行内部网络构成一个分层次的整体，实现信息共享。

（4）可扩展性是银行联网监控的一个特殊要求。

（5）多种录像存储触发支持。

1）对中心控制室、金库、重要证券保存地及进入中心控制室、监控室、业务库的通

道等重要场所监控，只有区域内有物体移动时，系统才自动进行录像存储。

2）对业务受理窗口、营业大厅、客户等候区的监控在工作时段内进行不间断地实时录像存储。

3）对 ATM 取款机、业务自助受理终端机的监控只有在客户使用时，系统才自动进行录像存储。

4）对自助银行的监控，当有人刷卡进入时，系统自动进行录像存储；当客户结束操作离开后，系统停止录像。

（6）针对 ATM 机、自助银行的网络视频监控系统需要能够实现报警联动到中心平台，中心平台能够远程控制门禁等功能。

（7）保留现有的本地视频监控系统，视频监控使用模式不变。

（8）自助银行机操作人求助时，能够实现双向语音对讲、求助互动。

（9）支持卡号叠加在图像上，方便检索。

（10）视频监控网络化以后，要求可实现全省范围内远程集中监控。地市分行可通过网络直接调用所辖地市各监控点的视频图像，实现云镜控制；省行可以通过网络直接调用全省各监控点的视频图像，实现云镜控制；省级、地市级、安保公司能够分配不同的监控图像调看和管理权限。

（11）对联网设备状况进行实时监控、发现设备异常及时告警。

根据银行联网安防系统建设的需求特点，银行建设联网视频监控系统的目的是建立一个高度集成的管理平台，将全辖区内的各个金库、自助银行、营业网点、离行式 ATM 机（可选）的视频监控系统、门禁系统、报警系统等集成在一个智能化管理平台上进行整合应用和统一管理，提高系统的使用效率，降低使用难度；将一级分行、二级分行、营业网点、自助银行、离行式 ATM 机（可选）以及金库、办公大楼、机房的监控系统通过银行内部网络构成一个有机的整体，实现信息共享，上级单位能及时全面地掌握有关情况；对系统的重要信息进行多重存储备份管理，保证重要数据的安全。

（二）银行联网视频监控系统架构

1. 监控网络

综合考虑银行联网监控的安全性和成本需求，MPLS-VPN 不失为一种优良的承载网络解决方案。MPLS-VPN 具有大容量、高可靠性、QoS 保障等诸多优势。MPLS-VPN 采用 MPLS（多协议标记交换）协议，结合服务等级、流量控制等技术，满足不同城市（国际、国内）间安全、快速、可靠的通信需求，整个虚拟专网的任意两个节点之间没有传统专网所需的端到端的物理链路，而是使用公用网络平台上的逻辑连接。监控前端和监控中心的接入支持 ADSL、MSTP、数字电路、帧中继、以太网等多种接入方式，能够提供速率为 N×64 kb/s~2.5 Gb/s 的接入带宽。

2. 中心服务平台

中心服务平台是视频监控系统的核心部分，实现前端和客户端设备的接入，一般具有设备管理、用户管理、权限管理、报警管理、存储策略管理、日志管理、AAA 认证、通信管理、媒体流调度传送、报警管理和计费管理等功能。

中心服务平台一般采用服务器集群的方式部署，由中心管理服务器集群、信令接入服务器集群、媒体传送单元和网络录像单元组成。

3. 监控前端

（1）金库。

金库监控对金库入口、守库室、周界围墙、内部通道等区域进行视频监控，并与金库的报警防范系统、门禁系统进行有机地结合。可在金库机房建立分控中心，实时监视库区内的视频动态，对云台、球机进行集中控制，并对硬盘录像机、视频和报警信号进行集中管理。金库监控系统通过网络与上级分行监控中心相连，监控中心可以通过网络远程监控和管理银行金库监控系统，接收报警信号，远程控制金库门禁。

（2）24 小时自助银行和离行式 ATM 机。

24 小时自助银行监控系统和离行式银行 ATM 机监控系统，在系统框架上与金库类似，主要是视频路数规模上的区别。由分行监控中心通过网络进行日常监控、控制、报警处理和异常处理等动作，本地一般只负责接入和上传压缩后的信号，以及录像资料的存储。监控中心可通过网络下载重要的历史录像资料。

（3）银行营业厅。

营业网点的监控主要包括对营业柜员的合规监控和对营业厅区域的环境监控。

营业柜员监控主要用于监控并保存银行工作人员每天的现场工作情况和与客户的交易过程，为可能出现的交易纠纷以及其他经济犯罪活动提供录像资料及法律证据。柜员监控对系统的稳定运行、录像的质量、存储的时间都有较高要求。监控点主要设于现金清点处（点钞机）、现金暂存处、现金柜台处等。

营业厅区域监控主要用于对出入口、营业大厅、周边要道等区域的安全防范。监控点主要设于门外、出入口、运钞车交接处、客户大厅、内部通道、内部人员出入口、安防控制间等。

前端采集的视音频和报警信号送入硬盘录像机处理，做本地录像和监控。同时将数据压缩后，上传到本地监控网络，供监控主机统一监控、管理和银行保卫科干部及其他领导远程查看用。

4. 监控中心

监控中心应用可分为三级：分别为全国级监控中心、省级监控中心和地市级监控中心。各级监控指挥中心可设置控制台、存储阵列和电视墙，控制台一般为普通客户端、解码器控制系统和电视墙控制系统的集成。可灵活选择视频信息投放到电视墙进行显示。监控中心为核心指挥机构，对系统资源统一管理与调度。监控中心建设包括实时视频浏览、历史视频调阅、远程云镜控制、与前端网点语音对讲、远程门禁控制等功能要求，以及前端设备远程管理、电子地图的应用、电视墙的应用和日志管理等应用管理方面的要求。

银行联网监控能够提高安防管理效率，降低管理成本。当前，基于银行业特性的网络视频监控技术正在逐步完善，越来越多的银行将在几年内实现视频监控的全面网络化改造。

三、数字视频图像处理在变电站视频监控前端系统中的应用

（一）变电站视频监控应用场景

1. 变电站安防视频监控

通常情况下，变电站安全防范系统通过在站内安装的各类传感器设备，实现对站内现场信息实时传输至监控中心。管理人员在监控中心可以随时对各种设备实施控制，消除重大事故隐患；及时处理各种意外情况，从生产设备、设施、环境、人员等诸多方面保证变电站的安全生产，提高了变电站的安全生产能力。主要的安全防范措施包括周界防范、出入口控制、墙体振动探测、门磁、窗磁、火灾探测等方面，通过这些设备已从多个方面对变电站的安全防范提供保障，然而，这类安全防范措施存在着很多弊端。

鉴于各类安全防范措施所存在的弊端，目前，变电站安防视频监控已经作为一项重要的监控措施，为变电站安全防范提供技术保障。通过视频监控技术为远程监控人员提供第一时间的现场安全状态，同时，可通过事件联动的方式，实现对各类告警事件的联动确认与处理，从而在第一时间为远程监控人员提供准确的现场信息，为做出进一步的决策提供依据，减少人员工作量，提高工作效率。

用于安全防范的视频监控设备典型应用场景包括：

（1）对变电站出入口、周围及内部实现远程视频监控，配合报警装置完成防盗、入侵等功能。

（2）变电站已建设的消防装置，实现了对火灾的实时报警，通过视频监控系统与火灾报警信号之间的协同处理，由监控人员根据视频监控系统完成对火灾报警信号的远程确认以及应急预案的启动，并通过视频监控系统自动记录火灾过程，便于事后的事故分析。

2. 变电站生产运行监控

变电站作为电网主要生产场地，站内所安装的各类设备运行状态直接决定了电网的安全生产运行，传统的变电站生产运行状态监控主要采用各类生产系统为远程监控人员、操作人员提供数字化设备运行状态数据，并根据状态数据做出相关的决策。

随着智能电网、电网可视化监控、无人值守变电站等总体性建设目标的提出，传统方式的变电站生产设备的监控手段已无法满足相应的要求，主要表现为：

（1）当变电站现场发生各类事故、异常等事件时，远程监控人员无法第一时间了解现场情况，无法为进一步做出决策提供可靠依据。

（2）当进行远程操作时，无法确认现场设备是否按照指令正确动作，存在着一定的事故隐患。

（3）现场设备动作后，远程监控端数据可能存在着与现场实际状态不一致的情况，远程监控人员无法对设备动作状态进行确认。

以上各类事件发生时，若采用人工到变电站现场确认的方式，需要投入大量的工作量，且工作效率低下。随着视频监控技术的不断发展，通过在各个变电站所安装的视频监控摄像机，为远程监控人员提供了变电站现场可视的监控手段，为各项工作决策提供技术支持。

通过远程视频监控为变电站现场生产运行提供以下各类监控手段：

（1）监视主变压器、断路器、电压互感器、电流互感器、高压室开关、主控室的电源盘及控制盘盘面等各类设备的状态。

（2）监视场地和高压配电设备的运行状态，如主变压器、开关是否有外部损伤，主变压器油位及控制盘上的表头、灯光信号是否正常等。

（3）借助图像监视实现远程操作指导，避免误操作等。

3. 变电站视频巡视

变电站巡视工作具有以下特点：

（1）巡视工作量大，需要消耗大量的人力、物力，且无法保障巡视的质量。

（2）巡视工作质量在一定程度上依赖于巡视人员的主观判断，取决于巡视人员的素质。

（3）巡视工作中较大部分的工作内容可采用观察的方式实现对设备的巡视等。

基于以上特点，以及视频技术的发展，越来越多的变电站巡视工作已经逐步结合变电站视频监控系统，充分利用视频监控所具备的远程可视的特点，根据巡视工作需求，通过适量增加变电站监控摄像机，实现变电站的远程视频巡视工作，在一定程度上减少现场人工巡视方式的工作量。

目前，视频巡视技术的应用主要起到对变电站视觉环境下的信息感知，仍然无法满足变电站巡视的总体工作要求。因此，远程视频巡视体系的建立仍然无法取代人工巡视的工作要求，远程视频监控仅能够提供设备外观信息，而无法感知设备所处的外在环境。然而，随着各项新型传感技术的不断发展及成熟，通过多项传感技术融合的远程监控手段的不断深入应用，将在更大程度上减少人工巡视的工作量。甚至于完全取代人工巡视工作。

（二）变电站视频监控系统的组成

1. 系统总体结构

变电站视频监控系统由视频存储设备（如 DVR、RAID 等）、网络设备和视频采集设备（主要指摄像机）构成。各相关设备安装于变电站内，实现对站内设备的外观运行状态、辅助设备的监控。

变电站视频监控系统通过 IP 网络将各设备进行连接，模拟摄像机通过 DVR 接入 IP 网络，网络摄像机直接接入 IP 网络。在变电站本地可通过本地监控主机实现监控，同时，通过 IP 网络将视频上传至远程的上级监控中心，从而实现上级监控中心对变电站的视频监控。

变电站视频监控系统主要由三个部分组成：监控中心、通信通道和变电站端系统。

（1）监控中心。

监控中心设备包括报警数据库服务器、数字录像数据库服务器以及多个监控终端和大量的辅助监控终端。在监控中心可实时监视各变电站的所有图像信息，完成远程变电站图像的接收、转发、实时监控、数据存储等功能，显示、抓拍、存储、检索、回放各变电站的所选摄像机实时图像。远程控制云台、镜头、声光报警、现场照明等设备。同时监控中心还具有安全管理、功能配置和系统管理等功能。

（2）通信通道。

通信通道是视频监控系统的关键环节，是连接变电站和监控中心的桥梁，其稳定性和先进性也关系到整个变电站监控系统的稳定性和先进性。通信通道一般采用电力系统内网，采用标准的 TCP/IP 协议进行通信。通信通道的带宽直接决定着系统监控中心图像和数据的质量，如果带宽不能满足视频数据传输的需求，视频播放将会延时，达不到实时。

（3）变电站端系统。

变电站端系统主要完成数据采集和压缩功能，是利用摄像头和环境监测传感器采集环境数据和视频图片数据，并对采集的数据进行实时压缩，其环境数据包括湿度、风力和烟雾等数据。变电站端设备主要由前端设备和视频编码压缩服务器组成。前端设备，如监控摄像机（彩色或黑白、固定或活动云台、定焦或变焦）、各类报警输入/输出装置与传统工业电视所使用的设备完全一致。变电站端设备的核心是视频编码压缩服务器，主要完成将变电站摄像机摄取的视频信号数字化并压缩，经通信通道传输到健康中心。同时还可以完成对摄像机控制信号的输出、报警信号的采集、处理和对行动输出的控制。

2. 摄像机设备

摄像机设备的分类包括多种方式，下面简单介绍几种主流分类方式及摄像机类型。

（1）按传输方式分类的包括模拟摄像机、网络摄像机、光纤传输摄像机等。

（2）按分辨率分类的包括标清摄像机、高清摄像机等。

（3）按可控性分类的包括固定摄像机、半球摄像机、中速球机、高速球机等。

（4）按功能分类的包括全景摄像机、智能摄像机、红外夜视摄像机、红外热成像摄像机等。

3. 视频编码设备

随着技术的不断发展，视频编码设备也经历了多项技术更新，随之衍生出适用于不同应用场景下的不同设备产品。

（1）数字硬盘录像机（DVR）。

数字硬盘录像机不同于传统的模拟视频录像机，采用硬盘存储录像信息，习惯上也称为硬盘录像机。DVR 采用的是数字记录技术，在图像处理、图像储存、检索、备份、以及网络传递、远程控制等方面远远优于模拟监控设备，是一套进行图像存储处理的计算机系统。系统硬件主要由 CPU、内存、主板、显卡、视频采集卡、机箱、电源、硬盘、连接线缆等构成，具有对图像/语音进行长时间录像、录音、远程监视和控制的功能。

当前主流产品主要是基于 PC 平台的 DVR（PC 式硬盘录像机）和基于嵌入式平台的DVR（嵌入式硬盘录像机）。PC 式 DVR 在通用性、可扩张性方面占有优势；嵌入式 DVR在稳定性、可靠性、易用性等方面有专业化的优势。

硬盘录像机的主要功能包括监视功能、录像功能、回放功能、报警功能、控制功能、网络功能、密码授权功能和工作时间表功能等。

（2）网络视频录像机（NVR）。

随着 IP 网络的快速发展，视频监控系统也进入了全网络化时代。全网络化时代的视频监控行业正逐步表现出 IT 行业的特征，网络视频录像机（Network Video Recorder, NVR）作为网络化监控的核心产品，从本质上来说已经变成了一种 IT 产品。和 DVR 一样，NVR 也是一种视频录像设备，其最主要的功能是通过网络接收网络摄像机设备传输的数字视频码流，并进行存储和管理，从而实现网络化带来的分布式架构优势，通过NVR 可以同时观看、浏览、回放、管理、存储多个网络摄像机的信息。

DVR 产品的前端是模拟摄像机，可以把 DVR 当作是模拟视频的数字化编码存储设备，与 DVR 不同的是，NVR 产品的前端可以是网络摄像机、DVR、DVS，设备类型更为丰富。和 DVR 相同的是，NVR 也包括基于 PC 平台的 NVR（PC 式网络视频录像机）和基于嵌入式平台的 NVR（嵌入式网络视频录像机）。

PC 式的 NVR 功能灵活强大，可以理解为一套视频监控软件安装在 PC 服务器或工控机上，和视频采集卡加 PC 机的传统配置并无本质差别。PC 式 NVR 是目前市场上的主流产品，由两个方向发展而来：一个方向是插卡式 DVR，厂家在开发的 DVR 软件的基础上加入对网络摄像机的支持，形成的混合型 DVR 或纯数字 NVR；另外一个方向是视频监控平台厂家的监控软件，过去主要是兼容视频编解码器，现在加入对网络摄像机的支持，成为 NVR 的另外一支力量。

（3）数字视频服务器（DVS）。

数字视频服务器（Digital Video Server，DVS）又叫数字视频编码器，是为了解决视频的长距离传输而出现的一种压缩、处理音视频数据的专业设备，由音视频压缩编解码器芯片、输入/输出通道、音视频接口、RS485 串行接口控制、协议接口控制、系统软件管理等构成，其主要作用就是把模拟视频数字化，提供视频压缩和解压功能，使视频信号可以传输得更远。

4. 音频设备

通过音频设备可以实现远程监控中心与现场之间的语音信息的交互。音频设备包括现场安装的拾音器、扩音器及相关辅助材料，通过音频设备并构建相应的应用系统，可以分别实现与现场之间的监听、广播、对讲。

（1）监听子系统。

当变电站内的设备（如主变压器）发生故障时，可以通过设备内部的声音来判断。可采用专业的传声系统，系统主要由传声器、放大器和信号调理器组成。系统可对现场的声援进行增益、滤波，但传声器的点位布置比较讲究。

（2）广播子系统。

通过广播系统，远程监控人员可对现场进行喊话，对操作检修时的违章行为进行及时制止，对非法入侵行为进行警告。

（3）语音对讲子系统。

当现场人员需要支持时，通过该系统可与远程监控人员进行及时沟通。语音对讲设备可以是一体化设备，通常由三部分组成：麦克风、音响、呼叫按钮。麦克风和音响可通过长扣配合型连接器，接头与视频处理单元的音频输入、输出口连接；呼叫按钮可接入视频处理单元的开关量接口。

5. 传输设备

用于变电站视频监控系统传输的设备多种多样，传输设备作为系统核心部分，是系统中所有设备信息上传的通道。本部分主要对视频传输中的网络传输典型设备进行介绍，主要包括网络交换机和网络光端机。

（1）网络交换机。

整个变电站视频监控系统以网络为主要传输通道，采用 TCP 或 UDP 协议、前端摄像机、视频编码设备、监控客户端等统一接入网络交换机。

根据变电站电压等级及建设规模的不同，在构建变电站网络时的布置方式也存在区别，需根据实际情况构建变电站网络结构。220kV 以上变电站一般区域较大，通常由主控楼、就地继保室、室内开关室、一次场地等组成。由于各区域之间相隔距离较远，考虑到信号的安全传输和损耗，网络摄像机可就近接入附近的网络交换机。安装于主控楼附近的网络摄像机，采集的数字信号传送到安放于通信机房的网络交换机上汇聚；安装于其他区域的网络摄像机，采集的数字信号传送到附近的网络交换机上进行汇聚，这部分交换机一般安放于室外终端盒或室内屏柜。

在变电站视频监控系统中，网络交换机只需接入前端摄像机、视频编码设备、本地监控客户端等设备，局域网内设备无须访问其他子网设备，采用二层网络交换机即可。

（2）网络光端机。

由于变电站内运行着高压设备，容易产生各种干扰，干扰源会通过以太网线进入监控系统，造成视频图像质量下降、系统控制失灵、运行不稳定等现象。同时以太网线受传输距离限制，长距离传输会出现信号衰减，理论上超过 100 m 就无法传输，实际应用中距离更短。为了避免干扰和信号衰减，站内距离较远和高压设备密集区域的网络摄像机可采用网络光端机方式传输。

光纤传输有单对单、多对单两种方式。需在两端成对安装网络光端机。单对单适用于监控点比较分散的情况，监控点与主控楼视频监控柜之间直接通过光纤连接；多对单适用于监控点较为集中的情况，500kV 变电站及 220kV 变电站都具有就地继保室，周围的监控点可在继保室的网络交换机进行汇聚，然后通过光缆连接至主控楼视频监控柜。

（三）变电站视频监控系统的维护

1. 运行要求

变电站安全防范系统正式投运前，安装单位应对使用系统的相关人员进行操作培训，内容包括系统性能、使用方法、注意事项等。

安全防范系统信息监控和处置要求一般包括：

（1）变电站安防、消防信息应接入安防监控中心，实时监控。

（2）安防监控中心应对安全防范信息做到"实时监视、立即处置、及时消缺"，确保变电站安全运行。

（3）发生告警信号时，安防监控中心值班人员通常应进行以下处理：

1）发现并确认火灾报警信号，通知公安消防机关 119、运维班现场处理。

2）发现入侵告警信息，通知公安机关 110、运维班等相关人员现场处理。

3）发现装置故障信息，通知检修单位现场消缺。

4）当财产遭受损失时，应通知保险公司取证理赔。

5）安防监控中心值班人员应定期通过视频监控客户端，进行远方灯光控制，实施夜间安防监视或巡查。

2. 维护内容

维护内容通常包括：

（1）设备投运后，安装或维修单位应将维修电话贴在显示屏显著位置，维修电话必须及时有人接听。

（2）安全防范设施出现故障应及时修复。一级风险变电站应在48h内、二级风险变电站应在72h内、三级风险变电站应在96h内、四级风险变电站应在120h内恢复完毕。系统修复期间应有应急安全防护措施，因地处偏远、环境特殊等情况，安全技术防范系统不能按时修理的，应采取加强治安保卫人员巡逻守护等安全措施，直至安全防范设施故障排除为止。

（3）脉冲电子围栏日常维护内容包括：

1）结合变电站日常巡视，定期进行检查，主要检查围栏有无破损、是否有影响围栏的树木。

2）定期进行全面检查，包括挂线杆、绝缘子、金属导体、跨接线、接地桩、警灯、内部报警、复位开关；对大门口红外对射探测器进行清洗；对脉冲电子栏周围环境进行巡视，及时对影响电子栏的树木进行清理；停电对脉冲电子围栏主机作表面清洁等。

3）定期进行脉冲电子围栏断路报警和短路报警试验、高低压切换试验，并出具试验报告。

（4）室内入侵防盗报警系统日常维护内容：探测器外壳的清洗、现场报警测试、蓄电池检查等。定期进行一次联动报警试验，并出具试验报告。

（5）光缆型墙体振动报警装置日常维护内容包括：

1）结合变电站日常巡视，定期进行一次检查，主要检查光缆有无破损、是否有影响光缆的树木。

2）定期进行全面检查。包括光缆有无松动、破损；及时对影响围栏的树木进行清理；对光缆入侵信号采集器进行表面清洁等。

3）定期进行入侵振动报警试验，并出具试验报告。

（6）布点型墙体振动报警装置日常维护内容包括系统主机、前端振动探测器、防区划分装置、声光报警装置、防区指示牌、探测器防护罩；检查主机运行、布防、报警、关机等功能。确认主机运行正常后，进行前端设备的检查和清理。清理防护罩中的异物，检查每个防护罩有无老化及损坏，检查敷设管线有无发生破损，检查室外设备的防水接头是否拧紧，检查防区指示牌是否齐全，逐一敲击探测器外壳确认振动探测器是否正常工作，对周界围墙振动工程所有防区进行报警检测，确认防区划分正常，报警有效。检查完毕后，对使用方操作人员进行操作培训及技术答疑。

（7）出入口控制系统日常维护内容通常包括：

1）对设备进行清洁除尘，线路的测量，螺钉的紧固，用万用表检测各设备的工作电压是否在正常范围值。

2）检查读卡器的外观、按键、防水性能是否良好，读卡距离是否正常。

3）检查电控锁是否正常工作，是否反应灵敏。

4）检查控制器是否正常工作。指示灯、输入/输出端口、报警联动、通信是否正常工作。

5）检查线缆接头是否松动、脱落。

6）电动大门及其控制装置是否完好。

（8）火灾自动报警系统日常维护内容符合《建筑消防设施的维护管理》（GB 25201—2010）等现行消防国家标准。

（9）辅助灯光照明控制系统日常维护内容包括所有的输入/输出端口是否工作正常，线缆接头是否松动、脱落，联动是否正常等。

（10）安防视频监控系统日常维护内容包括摄像机镜头、护罩、球壳的清洁、清洗；摄像机变焦、转动等性能方面的检查；线缆接头是否松动、脱落；是否正常录像、录像资料是否齐全；硬盘录像机是否有告警信息；联动是否正常等。

（11）实体防护装置日常维护内容包括门窗等是否锈蚀、完整，电动装置动作是否可靠等。

第七章　计算机智能算法与应用

计算机的技术应用主要分为两个方向：一是计算机的软件技术；二是计算机的硬件技术。两者虽然为不同的方向，但是却存在着非常密切的联系。计算机的智能算法是基于计算机逻辑语言而形成的。所谓智能算法，就是通过计算机语言的逻辑编译，逐步形成一种可以实现智能化功能的算法。计算机智能算法在社会上的应用越来越广泛，发挥的作用也越来越大。

第一节　混沌算法及其在数字图像加密中的应用

一、混沌算法

混沌是非线性系统所独有且广泛存在的一种非周期运动形式，其覆盖面涉及自然科学和社会科学的几乎每一个分支。混沌运动的早期研究可以追溯到 1963 年美国气象学家 Lorenz 对两无限平面间的大气湍流的模拟。在用计算机求解的过程中，Lorenz 发现当方程中的参量取适当值时，解是非周期的且具有随机性，即由确定性方程可得出随机性的结果，这与几百年来统治人们思想的拉普拉斯确定论相违背（确定性方程得出确定性结果）。随后，Henon 和 Rossler 等也得到类似结论。Ruelle，May，Feigenbaum 等对这类随机运动的特性进行了进一步研究，从而开创了混沌这一新的研究方向。近二三十年来，近似方法、非线性微分方程的数值积分法，特别是计算机技术的飞速发展，为人们对混沌的深入研究提供了可能，混沌理论研究取得的可喜成果也使人们能够更加全面透彻地认识、理解和应用混沌。

（一）混沌的基本概念

混沌：目前尚无通用的严格的定义，一般认为，将不是由随机性外因引起的，而是由确定性方程（内因）直接得到的具有随机性的运动状态称为混沌。

相空间：在连续动力系统中，用一组一阶微分方程描述运动，以状态变量（或状态向量）为坐标轴的空间构成系统的相空间。系统的一个状态用相空间的一个点表示，通过该点有唯一的一条积分曲线。

混沌运动：确定性系统中局限于有限相空间的高度不稳定的运动。所谓轨道高度不稳定，是指近邻的轨道随时间的发展会指数地分离。由于这种不稳定性，系统的长时间行为会显示出某种混乱性。

分形和分维：分形是 n 维空间一个点集的一种几何性质，该点集具有无限精细的结构，在任何尺度下都有自相似部分和整体相似性质，具有小于所在空间维数 n 的非整数维数。分维就是用非整数维——分数维来定量地描述分形的基本性质。

不动点：又称平衡点、定态。不动点是系统状态变量所取的一组值，对于这些值系统不随时间变化。在连续动力学系统中，相空间中有一个点 x_0，当满足 $t \to \infty$ 时，轨迹 $x(t) \to x_0$，则称 x_0 为不动点。

吸引子：指相空间的这样的一个点集 s（或一个子空间），对 s 邻域的几乎任意一点，当 $t \to \infty$ 时所有轨迹线均趋于 s，吸引子是稳定的不动点。

奇异吸引子：又称混沌吸引子，指相空间中具有分数维的吸引子的集合。该吸引子集由永不重复自身的一系列点组成，并且无论如何也不表现出任何周期性。混沌轨道就运行在该吸引子集中。

分叉和分叉点：又称分岔或分支。指在某个参量或某组参量发生变化时，长时间动力学运动的类型也发生变化。这个参量值（或这组参量值）称为分叉点，在分叉点处参量的微小变化会产生不同性质的动力学特性，故系统在分叉点处是结构不稳定的。

周期解：对于系统 $x_{n+1}=f(xn)$，当 $t \to \infty$ 时，若存在 $\xi = x_{n+i} = x_n$，则称该系统有周期 i 解 ξ 不动点可以看做是周期 1 解，因为它满足 $x_{n+1}=x_n$。

（二）混沌的主要特征

1. 随机性

体系处于混沌状态是由体系内部动力学随机性产生的不规则行为。混沌现象形成的根源在体系内部，与外部因素无关。产生混沌的体系，一般来说具有整体稳定性，而局部是非稳定的。体系内的局部不稳定正是内随机性的特点，也是对初值敏感性的原因所在。

2. 分维性

分维性是指系统运动轨迹在相空间的几何形态可用分维来描述。系统的混沌运动在相空间无穷缠绕、折迭和扭结，构成具有无穷层次的称为奇异吸引子的自相似结构。

3. 普适性

当系统趋于混沌时，所表现出的特征具有普适意义。其特征不因具体系统的不同和系统运动方程的差异而变化。这类系统都与费根鲍姆常数相联系。

4. 标度律

混沌现象是一种无周期性的有序态，具有无限层次的自相似结构，存在无标度区域。只要数值计算的精度或实验的分辨力足够高，就可以从中发现小尺度混沌的有序运动花样，所以具有标度律性质。

另外，混沌运动还具有通常确定性运动所没有的几何和统计特征，如连续功率谱，正的 Liapunov 特性指数等。

二、数字图像加密的基本原理与典型算法

（一）数字图像加密的基本原理

算法基本原理是，给定的 N 阶数字图像 P，可定义一种置乱图像 P 的全局置乱变换矩阵和灰度变换矩阵。在算法中不使用混沌序列的初始段部分，这主要是出于安全性的考虑，该变换表示如下：

$$\begin{pmatrix} x'_1 \\ x'_2 \\ \vdots \\ x'_n \end{pmatrix} = \begin{pmatrix} a_{11} & a_{12} & \cdots & a_{1n} \\ a_{21} & a_{22} & \cdots & a_{2n} \\ \vdots & \vdots & & \vdots \\ a_{n1} & a_{n2} & \cdots & a_{nn} \end{pmatrix} \begin{pmatrix} x_1 \\ x_2 \\ \vdots \\ x_n \end{pmatrix} (\mod N) \qquad (7-1)$$

式中，a_{ij} 为整数，并称 $A = \{a_{ij}, i, j = 0, 1, \cdots, N-1\}$ 为排列算子，$x_1, x_2, \cdots, x_n$ 的选取既可以是图像 P 像素的坐标，也可以是图像 P 像素的灰度值，该变换既可以在空域中进行，也可以在频域中进行，在传统的迭代乘积密码系统中，排列算子的主要任务就是对明文数据块中的元素进行重排，也称为"置乱"，使得密文数据块看起来是随机的，而且，这些排列算子通常是事先确定好的，但是与密钥无关，这是一个明显的缺陷，使得某些迭代乘积密码系统特别容易受到密码分析的攻击，而基于密钥排列的安全性能会有较大改善。在基于密钥的排列算法中，以密钥作为排列的参数，能够唯一地确定排列的性质，基于密钥的排列同样可以在频域或空域进行，空域的排列加密算法实现较为简单，不需要使用一般频域算法所必需的空域到频域的变换，计算量相对较少，但是空域的局部随机置乱效果不是很好，频域算法的优势是在频域中每一点的变化对整体数据信息都会产生一定的影响。例如，图像数据经过 DCT 变换得到的 DCT 系数中，如果有一个发生改变，就会通过 IDCT 逆运算体现在所有的像素点中，相对于空域算法，频域算法的加密安全性比较高，但空域算法的加密效率更好，在算法中用户使用超级密钥来生成混沌序列，然后利用混沌序列产生相应的变换矩阵，利用该变换矩阵完成图像的加密、解密。

（二）典型的数字图像加密算法

1. 基于矩阵变换及像素置换的图像置乱加密技术

图像置乱加密技术的基本方法是把一幅图像经过变换或利用数学上的知识，搅乱像素位置或颜色，将原来有意义的图像信息变换成一幅"杂乱无章"的图像，无法辨认出原始图像信息，从而达到在一定程度上迷惑第三方的目的。为了确保其机密性，算法中一般引入密钥。图像合法接受方借助密钥，通过相应算法的逆变换可解密出原始图像，这一过程又称去乱。

目前，数字图像置乱加密的方法已有许多种，这些方法在一定的应用范围中各自起到了积极的作用。由于置乱加密不仅用于图像信息的保密，同时也是图像信息隐藏、图像信息分存、数字水印技术等工作的基础，因此置乱加密算法的优劣也直接影响到其他处理的效果。

（1）Arnold 变换。

设像素的坐标 x，$y \in S = \{0, 1, 2, \cdots, N-1\}$，Arnold 变换为：

$$\begin{bmatrix} x' \\ y' \end{bmatrix} = \begin{bmatrix} 1 & 1 \\ 1 & 2 \end{bmatrix} \begin{bmatrix} x \\ y \end{bmatrix} (\mathrm{mod}N), x, y \in S \qquad (7\text{-}2)$$

记变换中的矩阵为 A，反复进行这一变换，则有迭代公式：

$$Q_{ij}^{n+1} = AQ_{ij}^{n+1}(\mathrm{mod}N), n = 0, 1, 2, \cdots \qquad (7\text{-}3)$$

其中，$Q_{ij}^{0} \in S$，$Q_{ij}^{n} = (i, j)^{\mathrm{T}}$ 为迭代第 n 步时点的位置。

Arnold 变换可以看作是裁剪和拼接的过程。通过这一过程将离散化的数字图像矩阵中的点重新排列。由于离散数字图像是有限点集，这种反复变换的结果，在开始阶段 S 中像素点的位置变化会出现相当程度的混乱，但由于动力系统固有的特性，在迭代进行到一定步数时会恢复到原来的位置，即变换具有庞加莱回复性。这样，只要知道加密算法，按照密文空间的任意一个状态来进行迭代，都会在有限步内恢复出明文（即要传输的原图像）。这种攻击对于现代的计算机来说其计算时间是很短的，因而其保密性不高。

（2）其他置乱加密技术。

相对位置空间而言，基于色彩空间的置乱加密技术是指通过数学知识或其他性质，置乱原始图像像素的灰度值或色彩值，同样可起到扰乱原图信息的目的。例如基于灰度变换的置乱加密方法，其思想来源于数字图像处理中的灰度直方图变换，置乱加密算法中的密钥增加了破解的难度；可采用密码学加密算法对图像灰度进行变换，研究空间更广泛，算法运行时间较短。人们意识到置乱加密技术不仅可以考虑将图像的像素位置置乱，像素灰度值也可以进行置乱处理。后来，有两种新的置乱变换被提出：准逆序置乱和准抖动置乱，这是针对数字图像灰度空间中两种变换的置乱加密。在图像信息隐蔽存储与传输中，这类图像变换具有重大的应用价值。

混沌系统在一定的控制参数范围内会出现混沌现象，产生的混沌序列具有确定性、伪随机性、非周期性和不收敛等性质，并且对初始值有极其敏感的依赖性。由于混沌天然的优势，人们多引用 Logistic 映射产生实数值混沌，采用不同的量化方法对其量化为混沌序列，然后应用到图像置乱加密中来，加密效果非常好，再结合一定的其他算法，可以达到快速、安全性高的效果。不可否认，混沌的引入为图像置乱加密带来了又一新的发展方向。

基于变换空间的置乱加密也是图像置乱加密中的又一新领域。它主要是指对数字图像的变换域（如离散余弦变换 DCT、离散傅里叶变换 DFT、小波变换等）的系数进行置乱，扰乱图像信息。不过较成熟的变换域置乱加密算法还有待进一步研究和开发。

2. 基于现代密码体制的图像加密技术

Claude Shannon 于 1949 年发表了一篇题为"保密系统的信息理论"的文章，用信息论的观点对信息保密问题做了全面的阐述，建立了现代密码学理论。对于图像数据来说，这种加密技术就是把待传输的图像看作明文，通过各种加密算法，如 DES、AES 等，在密钥的控制下，达到图像数据的保密通信。这种加密机制的设计思想是加密算法可以公开，通信的保密性完全依赖于密钥的保密性（即满足 Kerckhoffs 假设）。

由于数字图像的数据量通常较大，若直接采用现代密码体制中的标准算法进行加密，其处理效率通常较低。

3. 基于混沌的图像加密技术

基于混沌的图像加密技术是近年才发展起来的一种新型密码技术。它是把待加密的图像信息看作是按照某种编码方式的二进制的数据流，利用混沌信号来对图像数据流进行加密。混沌之所以适合于图像加密，这是与它自身的动力学特点密切相关的。

混沌加密的原理就是在发送端把待传输的有用信号叠加（或某种调制机制）上一个（或多个）混沌信号，使得在传输信道上的信号具有类似随机噪声的性态，进而达到保密通信的目的。在接收端通过对叠加的混沌信号去掩盖（或相应的解调机制），去除混沌信号，恢复真正传输的信号。

混沌加密方法属于对称加密体制的范畴，这种加密体制的安全性取决于密钥流发生器（即混沌）所产生的信号与随机数的近似程度，密钥流越接近随机数，其安全性越高，反之则容易被攻破。混沌加密方法是符合现代密码学要求的，其近阶段的主要研究方向是寻找更加随机的混沌流，并解决混沌流的同步问题。

4. 基于秘密分割与秘密共享的图像加密技术

秘密分割就是把消息分割成许多碎片，传一个碎片本身并不代表什么，但把这些碎片放到一起消息就会重现。这种思想用于图像数据的加密就是在发送端先要把图像数据按某种算法进行分割，并把分割后的图像数据交给不同的人来保存；而在接收端需要保存秘密的人共同参与才能恢复出原始待传输的图像数据。为了实现在多个人中分割一幅秘密图像信息，可以将此图像信息与多个随机位异或成"混合物"。例如 Trent 可将一幅图像信息划分为 4 部分并按如下协议实现：

·Trent 产生 3 个随机位串 R，S，T，每个随机位串和图像信息 M 一样长。
·Trent 用这 3 个随机位串和 M 异或得到 U：$MRST = U$。
·Trent 将 R 给 Alice，S 给 Bob，T 给 Carol，U 给 Dave。

Alice、Bob、Carol、Dave 在一起可以重构待传输的秘密图像信息，$MRST = M$。

在这个协议中，Trent 作为仲裁人具有绝对的权利，他知道秘密的全部，他可以把毫无意义的东西分发给某个人，并宣布是秘密的有效部分，并在秘密恢复之前没有人知道这是不是一句谎话（他可以把"秘密"分发给 Alice、Bob、Carol、Dave 四个人，并宣布秘密都是有效的，但实际上只需要 Alice、Bob、Carol 三人就可恢复秘密）。

这个协议存在这样一个问题：如果秘密的一部分丢失了而 Trent 又不在，就等于把秘密丢失了，而且这种一次一密的加密体制是有任何计算能力和资源的个人和部门都无法恢复的。

5. 基于压缩编码技术的加密方法

数字图像的大数据量是图像的一个显著特点，在数字图像处理研究中，图像的压缩编码技术格外引人注目。许多学者将二者有机地结合在一起，取得了令人瞩目的成绩，丰富了图像加密技术。

三、混沌数字图像加密的变换方法

（一）空域变换方法

用空域算法设计的图像置乱变换进行加密既可以是对局部的，也可以是对全局的，对局部加密变换而言，为了得到较好的图像加密效果，局部置乱变换必须加大置乱块的大小，但对于比较平滑的图像，即使扩大置乱块，加密图像中也会保留原图像的大部分信息。对全局置乱变换而言，却能得到较好的加密效果，同时可以以一定大小的块为单位进行全局置乱变换，如采用 8×8 的块为单位进行全局置乱，也能得到较好的加密效果，这样做的好处是在保留了全局置乱变换优势的同时，降低了计算强度和空间需求，是非常快速实用的加密解密算法，但数据块大小的选取同样是需要关注的一个问题。

在置乱变换中，由于图像的像素值并未改变，因而未改变图像的直方图，不过考虑到仅通过直方图很难得到重要的图像线索，这对安全性并不构成太大的问题。为了进一步提高加密图像的安全性，不仅采用全局置乱变换对图像进行加密，同时改变每一位像素的灰度值，得到了较好的加密效果。这里举个算法例子来具体说明。

设原始图像为 I，$I = M \times N$。用户密钥为 x_0（混沌初始值），利用密钥值 x_0，采用 Logistic 混沌系统（7-4）生成实数值混沌序列 x_k，然后利用式（7-5）生成实数值混沌序列 y_k，然后由 x_k 和 y_k 分别生成全局置乱变换矩阵 P 和灰度变换矩阵 G。算法中不使用该序列的初始段部分。

一类非常简单却被广泛应用的混沌系统是 Logistic 映射，其定义为

$$x_{k+1} = \mu x_k (1 - x_k) \tag{7-4}$$

式中，μ 为参数，当 $3.5699546\cdots \leq \mu \leq 4$ 时，Logistic 映射处于混沌状态。该混沌系统（7-4）经过简单的变量代换可以定义在区间（-1，1）上，定义为

$$x_{k+1} = 1 - \lambda x_k^2 \tag{7-5}$$

式中，$\lambda \in [0,2]$，为参数。

1. 变换矩阵的生成

设置乱块的大小为 $K \times L$，利用实数值混沌序列 x_k，由其生成相应的置乱变换矩阵为 $P_{(M/K) \times (N/L)}$。对 P 来说，其任一元素 $P_{ij} \in [1, 2, \cdots, (M/K) \times (N/L)]$，且若 $P_{ij} = P_{kl}$，当且仅当 $i=k$，$j=l$，对 G 中的任一元素 $G_{ij} \in [0, 1, \cdots, 255]$，利用 y_k 生成灰度变换矩阵 $G_{M \times N}$。

2. 置乱规则 p

对原图像 I 的像素进行分块，块的大小为 $K \times L$，并按行序对块进行编号，构成序号矩阵 IB。IB 与 I 中的像素块一一对应，IB_{ij} 表示图像 I 中第 i 行第 j 列的块的编号（$i=1$，2，$\cdots$，M/K，$j=1$，2，$\cdots$，N/L），即 $IB_{ij} = j + (i-1) \times (N/L)$。设 IP 为置乱变换后的图像，则图像 IP 的第 i 行第 j 列像素块（块的大小为 $K \times L$）为原图像 I 的第 m 行第 n 列的像素块，m，n 由等式 $IB_{ij} = P_{mn}$ 决定。

3. 加密算法实现

Step1 输入参数。

＊. 原始图像文件名 InImage

＊. 结果图像文件名 OutImage

＊. 密钥 x_0

Step2 （1）由密钥值 x_0，生成实数值混沌序列 x_k 和 y_k（$k=1$，2，$\cdots$）。

（2）由 x_k 和 y_k 分别生成置乱矩阵 P 和灰度变换矩阵 G。

（3）将图像 I 按置乱规则 p 进行置乱，得到置乱图像 IP。

（4）将置乱图像 IP 的每个像素与灰度变换矩阵 G 的相应元素进行位异或运算，得到最终加密图像 IPE。

4. 解密算法的实现

用户输入正确的密钥后，将上一步算法实现中 Step2 的（3）、（4）逆向运算，即可由加密图像恢复原图像。

（二）频域变换方法

空域算法的优势是计算速度快，但对于需压缩的图像而言，由于置乱变换破坏了图像像素之间的相关性，使压缩的效果变差，对于图像（如 JPEG 图像）和多媒体数据，其数据压缩算法一般是在频域进行的，如果频域加密算法与压缩算法结合进行，就不会增加太多的计算量。但对 MPEG 和 JPEG 而言，如果在频域进行置乱变换，会破坏 DCT 系数的概率分布函数，从而使得 Huffman 编码表无法按最优的方式使用，使压缩效率大大降低。频域变换方法实现了 JPEG 与压缩算法的结合。

1. DCT 频域 Arnold 置乱算法

DCT 频域置乱就是相应的置乱在 DCT 变换域进行。注意，若简单地使用 DCT 域置乱将产生不能解密恢复图像的问题。下面介绍解决这个问题的一种方法。

分别用 in_image$[i][j]$ 和 out_image$[i][j]$ 表示原图像灰度值和 DCT 变换后的图像数据。

我们知道，DCT 变换与 DCT 逆变换是可逆变换，即 DCT 变换后的数据，能用 DCT 逆变换完全恢复。在计算机实际计算中会存在一些计算上的误差，通过取整数即可解决。然而，in_image$[i][j]$ 经过 DCT 变换后的数据，由于在 DCT 变换域进行了置乱，再经过 DCT 逆变换得到的数据 out_image$[i][j]$ 大大地超出了区间 $[0,255]$，即解密不能恢复原图像。

经过大量的实验，得到如下估计式：

$$|\text{out\_image}[i][j]| < 512 \tag{7-6}$$

因为式（7-6），所以有

$$-512 < |\text{out\_image}[i][j]| < 512 \tag{7-7}$$

从而

$$0 < (\text{out\_image}[i][j] + 512)/4 < 256 \tag{7-8}$$

根据式（7-8），采用如下线性变换：

$$npix[i*DIM+j] = (\text{int})((\text{out\_image}[i][j] + 512.0)/4.0)$$

序列 $npix[k]$ 落在区间 $[0,255]$ 内。在解密过程中采用相反的线性变换。

$$\text{out\_image}[i][j] = 4 * npix[i*DIM+j] - 512 \tag{7-9}$$

注意这里进行了"有损变换"，解密后会增加一些失真。

除了上面的修改外，频域的置乱算法与空域的算法完全相同。

同样使用一次 Arnold 变换置乱，在空域和在频域的结果大不一样。在解密后，解密图像还基本保持清晰。可见，频域加密的要比空域加密在性能上有显著的优越性。

2. 沃尔什-哈达玛变换域混沌置乱算法

将 DCT 变换用 Walsh-Hardamad 变换代替，Arnold 变换置乱用 Logistic 混沌置乱代替，

即可得到相应的沃尔什-哈达玛变换域混沌置乱算法。类似于 DCT 变换域置乱，需要作相应的线性变换。因为沃尔什-哈达玛逆变换后输出数据 oW[i] 满足

$$-255 \leqslant oW[i] \leqslant 255 \tag{7-10}$$

所以需要作线性变换

$$oW'[i] = (int)\,((oW[i] + 255)\,/2.0) \tag{7-11}$$

在解密时，还要用相反的变换

$$oW[i] = 2 * oW'[i] - 255$$

这些线性变换同样是有损变换。Walsh-Hardamad 域的置乱解密后，图像质量比 DCT 变换域的相应结果要差一些。

四、混沌映射及混沌密码序列的设计

离散非线性的混沌系统是一维线性混沌映射的推广，其生成结果是任意区间上的整数值混沌序列。本书将利用混沌映射，通过迭代方式生成混沌序列，该迭代映射复杂度更高，而且生成整数值混沌序列仍然具有混沌特性，然后用生成的混沌序列直接加密图像，即同时改变像素的灰度和每一像素的位置，易实现、计算花费少，加密的实验结果表明其保密性很好，加密后的图像可以完全正确的还原成原始图像。

二分段具有较高复杂度的非线性混沌映射在不同区间上通过两种取整方法使该映射可以产生具有良好随机统计特性的整数值混沌序列，该混沌映射定义如下：

$$x_{k+1} = f_a(x_k)$$
$$= \begin{cases} \lceil (m/a)\,x_k \rceil, & 1 \leqslant x_k \leqslant a \\ \lfloor m(m - x_k)/(m - a) \rceil, & a < x_k \leqslant m \end{cases} \tag{7-12}$$

式中，$x_k \in \{1, 2, \cdots, m\}$，参数 $a \in \{1, 2, \cdots, m\}$（$\lfloor z \rfloor$，$\lceil z \rceil$ 分别表示不大于 z 的最大整数和不小于 z 的最小整数）。

通过动学力系统迭代根理论，将映射（7-12）经过几次迭代，得到新的混沌映射，如下所示：

$$x_{k+1} = f_a^n(x_k) \tag{7-13}$$

当给定初始值 x_0，参数 a，m 的值和迭代次数 n 的值就确定了由混沌系统（7-13）生成混沌序列：$\{x_k \mid k = 0, 1, 2, 3, \cdots\}$，该序列具有混沌特性，对初值条件 x_0 极为敏感，本书把参数 a 与 n 也作为初始条件，即把有序数组 (x_0, a, n) 一起作为密钥，则攻击混沌系统（7-13）成功的概率比只把 x_0 作为密钥时攻击成功的概率更小。

举例说明混沌映射（7-13）生成混沌序列的具体过程。例如，产生 [1, 371] 的一个整数混沌序列，取参数 $m = 371$，$a = 205$，表 7-1 为混沌序列产生过程，表第一行为迭代次数 n，第一列为 x_k，表中为对应某一 x_k，n 的 x_{k+1}。

表 7-1　混沌序列生成表

序号混沌序列	1	2	3	4	…	13	14
1	2	4	8	15	…	300	159
2	4	8	15	28	…	159	288
3	6	11	20	37	…	269	228
⋮	⋮	⋮	⋮	⋮		⋮	⋮
369	5	10	19	35	…	277	211
370	3	6	11	20	…	251	269
371	1	2	4	8	…	237	300

第二节　粒子群优化算法及其应用

算法寻优是基于某种优化思想和机制，通过一定的方法和规则来得到问题解的搜索过程。从优化机制考虑，工程中常用的优化方法主要包括：经典算法、构造算法、领域搜索算法、基于系统动态演化的算法和混合性算法等。由 Kennedy 博士和 Eberhart 教授提出的粒子群优化方法（Particle Swarm Optimizer，PSO）是一种基于群体智能的进化计算方法。PSO 同遗传算法（Genetic Algorithm，GA）、进化规划（Evolution Programming，EP）和进化策略（Evolution Strategies，ES）等进化计算方法一样，都是基于群体演化，不依赖梯度、曲率等信息的直接搜索，模拟自然界规律的启发式寻优算法。

一、粒子群优化算法概述

（一）背景：人工生命

人工生命（artificial life）是对具有自然生命现象和行为特征的人造系统的研究，其研究兴起于 20 世纪 80 年代末，是一门涉及生命科学、复杂性科学、人工智能、计算机科学、经济学、哲学及语言学等多种学科的交叉学科。

人工生命的思想萌芽可以追溯到 20 世纪 50 年代，阿兰·图灵（Alan Turing）和约翰·冯·诺依曼（John von Neumann）是国际上公认的人工生命的两位先驱。1952 年，阿兰·图灵发表了一篇关于生物形态发生（morphogenesis）方面的数学论文，该论文提出的"反应—扩散模型"不仅奠定了生物形态发生的化学理论基础，而且也为人工模拟生命提供了生物形态方面的理论依据。冯·诺依曼在晚年期间（50 年代）致力于机器自我繁殖的逻辑形式方面的研究工作，并提出了细胞自动机模型以及机器自我繁殖逻辑的理论基础。

当前，人工生命所面临的挑战可归为以下三类：生命的转变（the transition to life）、生命的进化潜能（the evolutionary potential of life）和生命与思想和文化之间的关系（the relation between life and mind and culture）。前两项均属于生物学的研究范畴，可以理解为利用计算技术研究生物现象，而我们关心的是第三个挑战，也可以理解为利用生物现象解决计算问题。

粒子群优化算法也是起源于对一种生物系统—社会系统的模拟。最初设想是模拟鸟群觅食，更确切的是模拟由简单个体组成的群落与环境以及个体之间的互动行为，该算法是群智能（swarm optimization）算法的一种，后来研究人员发现这种对于鸟群的模拟可以作为一种新型有效的全局优化方法，经过反复理论上的证明以及数据试验，形成了最初的粒子群算法模型，并初步确定了算法中一些参数的取值，群智能有两种，包括蚁群算法和粒子群算法，前者是对蚂蚁群落食物采集过程的模拟，已经成功地应用在很多离散优化问题上，在此，着重介绍粒子群算法。

（二）粒子群算法基本概念

定义 1 粒子类似于遗传算法中的染色体（chromosomes），PSO 中粒子为基本的组成单位，代表解空间的一个候选解，设解向量为 d 维变量，则当算法迭代次数为 t，第 i 个粒子可表示为 $X_i(t) = [x_{i1}(t)，x_{i2}(t)，\cdots，x_{id}(t)]$。其中，$x_{ik}(t)$ 表示第 i 个粒子在第 k 维解空间中的位置，即第 i 个候选解中的第 k 个待优化变量。

定义 2 粒子种群（population）由 n 个粒子组成，代表 n 个候选解，经过 t 次迭代产生的种群 $pop(t) = [X_1(t)，X_2(t)，\cdots，X_n(t)]$，其中，$X_i(t)$ 为种群中的第 i 个粒子。

定义 3 粒子速度表示粒子在单位迭代次数位置的变化即为代表解变量的粒子在 d 维空间的位移，$V_i(t) = [v_{i1}(t)，v_{i2}(t)，\cdots，v_{id}(t)]$，其中，$v_{ik}(t)$ 为第 i 个粒子在解空间第 k 维的速度。

定义 4 适应度函数（fitness function）由优化目标决定，用于评价粒子的搜索性能，指导粒子种群的搜索过程。算法迭代停止时适应度函数最优的解变量即为优化搜索的最优解。

定义 5 个体极值 P_{id} 是单个粒子从搜索初始到当前迭代对应的适应度最优的解。

定义 6 全局极值 P_{gd} 是整个粒子种群从搜索开始到当前迭代对应的适应度最优的解。

粒子群的迁移过程是有方向性的，搜索过程中应用反馈原理并采用并行计算技术，因此具有较高的搜索效率。算法中，用粒子在寻优空间中的位置表示优化问题的可行解。粒子具有一个速度向量以决定它的方向和速度值，这样，各个粒子就追随当前的最优粒子并参考自身的飞行经验在解空间中进行寻优。在初始状态中，每个粒子的位置和飞行速度是随机分布于解空间的，然后粒子根据两个极值来动态调整自己的位置和飞行速度，粒子群算法主要是进行粒子的更新，更新方程为：

$$v_{id}(t+1) = v_{id}(t) + c_1 r_1 (p_{id}(t) - x_{id}(t)) + c_2 r_2 (p_{gd}(t) - x_{id}(t)) \tag{7-14}$$

$$x_{id}(t+1) = x_{id}(t) + v_{id}(t+1) \tag{7-15}$$

该算法本质上是一种多代理算法，因对复杂非线性问题具有较强的寻优能力以及简单通用、鲁棒性强等显著特点，引起了不同研究领域研究人员的广泛注意。粒子群优化算法概念清晰，容易实现，同时又有深刻的智能背景，既适合科学计算又适合工程应用，最初该优化算法只是用于处理连续问题，后来也用于求解离散问题和混合整数规划问题。

二、粒子群优化算法的应用

(一) 基于多群体协同粒子群算法的物流配送中心选址

1. 编码

如何找到一个合适的表达方式，使粒子与解对应，是实现本算法的关键问题之一。本问题有两类变量，一类是离散型的决策变量，包括备选配送中心是否被选中 z_i，以及顾客 j 是否由配送中心 i 进行配送，如果是，$y_{ij}=1$，否则为 0；另外一类是数值型变量，包括从供应点 k 到配送中心 i 的运输量 w_{ki}，从配送中心 i 到顾客 j 的运输量 x_{ij}。当上述变量一确定，对应的系统总费用也可以确定。

通过分析可知，对离散型决策变量，我们可以采用离散型二进制编码，即 z_i、y_{ij} 取值只能取 0 或 1，分别代表"是否被选中""j 是否由 i 配送"。

对数值型变量 w_{ki}，x_{ij}，首先考虑其包含变量的总数。对于一个具有 l 个工厂，m 个备选物流中心，n 个用户的选址问题，决策变量 w_{ki} 包含变量的数目为 $l \times m$，决策变量、包含变量的数目为 $m \times n$。如果采用二进制编码方案，当问题规模稍微增大，会引起算法搜索空间的急速膨胀，而且用二进制表示浮点数的精度不高；因此，宜采用浮点数编码，这样编码串不会过长，且解码方便、节约存储空间、种群稳定性更好。

根据本问题变量的特点，本节构造一种混合并行编码方案：z_i、y_{ij} 采用离散二进制编码，w_{ki}、x_{ij} 采用浮点数编码。编码结构见表 7-2。

表 7-2 编码结构表

变量 备选中心	1	2	3	…	m
z_i	0	1	1	…	0
y_{ij}	00…0	$y_{21}y_{22}\cdots y_{2n}$	$y_{31}y_{32}\cdots y_{3n}$	…	00…0
w_{ki}	0	w_{k2}	w_{k3}	…	0
x_{ij}	00…0	$x_{21}x_{22}\cdots x_{2n}$	$x_{31}x_{32}\cdots x_{3n}$	…	00…0

2. 约束处理

罚函数法是解除约束最常用的方法，其基本思想是在目标函数中加上一个能反映是否满足约束的惩罚项，从而构成一个无约束的广义目标函数，然后用优化算法对该广义目标函数进行寻优，使得算法在惩罚项的作用下找到问题的最优解。约束优化问题一般可描述为：

$$\left.\begin{array}{l} \min f(x) \\ g_i(x) \leqslant 0, i=1,2,\cdots,m \\ h_j(x)=0, j=1,2,\cdots,l \end{array}\right\} \tag{7-16}$$

式中，$f(x)$、$g_i(x)$ 和 $h_j(x)$ 是 E^n 上的函数，$g_i(x)$ 为不等式约束，$h_j(x)$ 为等式约束。将等式约束通过下式转化成不等式约束。

$$|h_j(x)|-\varepsilon \leqslant 0 \qquad (7-17)$$

式中，ε 为可接受的较小正数。通过采用罚函数法，将原问题转为无约束优化问题，表达式为：

$$fitness(x)=f(x)+r\times p(x) \qquad (7-18)$$

式中，$p(x)$ 为罚函数；r 为惩罚因子。惩罚因子的选择对算法起着关键作用。惩罚因子选择不当往往会给搜索带来极大的困难。例如，当罚因子太小时，罚函数的最优点远离真正的约束最优点，会造成罚函数的最优点不是目标函数的最优点；当罚因子太大时，罚函数的最优点离真正的约束最优点近了，但在可行域外又有许多局部最优点，从而使搜索容易陷入这些局部最优点中。

Z. Michalewicz 等提出一种罚函数法，包括可变惩罚因子和违反约束惩罚，其表达式为：

$$\left. \begin{aligned} r &= \frac{1}{2\tau} \\ p(x) &= \sum_{i\in A} d_i^2(x) \\ d_i &= \max_{i=12\cdots l+m}\{0g_i(x)\,|\,h_j(x)\,|-\varepsilon\} \end{aligned} \right\} \qquad (7-19)$$

式中，A 为起作用的约束集，它由所有等式约束和不能满足的不等式约束构成；τ 为可变惩罚因子。

本节拟采用模拟退火的思想来构造惩罚因子 τ。

假设时刻 t 的温度用 $T(t)$ 来表示，则快速模拟退火算法的降温方式为：

$$T(t)=\frac{T_0}{1+t} \qquad (7-20)$$

利用模拟退火算法的快速降温方式来构造惩罚因子 τ，当算法迭代到第 t 代时的惩罚因子 τ 为：

$$\tau=\frac{\tau_0}{1+t}$$

式中，τ_0 为初始系数。此时，

$$r=\frac{1}{2\tau}=\frac{1+t}{2\tau_0} \qquad (7-21)$$

由式（7-21）可知，在算法进化初期，对不可行解的惩罚较小，以扩大算法的探索区域，避免早熟。而在进化后期，对不可行粒子处以严厉惩罚，限定搜索的随机性。增加了模拟退火因子的罚函数法随着进化过程自动调节惩罚比，以调节信息保留和不可行解惩罚的平衡。

3. 适应度函数设计

通过上述介绍的罚函数法，将原问题转为无约束优化问题，建立了适应度评价函数。

$$fitness=U+\frac{1+t}{2\tau_0}\times\sum_{i\in A} d_q^2(x) \qquad (7-22)$$

式中，U 为系统总费用，τ_0 取值为2，$d_q(x)$ 的表达式为：

$$d_q(x) = \max\{0, \ nc_1, \ nc_2, \ nc_3, \ nc_4, \ nc_5\}$$
$$\{q = 1, \ 2, \ \cdots, \ 1 + l + 2m + n\}$$
$$nc_1 = \sum_{i \in I} w_{ki} - A_k, \ k \in K$$
$$nc_2 = \sum_{k \in K} w_{ki} - M_i, \ i \in I$$
$$nc_3 = \sum_{i \in I} z_i - p \tag{7-23}$$
$$nc_4 = D_j - \sum_{i \in I} x_{ij}, \ j \in J$$
$$nc_5 = \left| \sum_{j \in J} x_{ij} - \sum_{k \in K} w_{ki} \right| - \varepsilon, \ i \in I$$

（二）基于粒子群算法的 PID 整定

我们选取粒子群算法进行 PID 参数的寻优，该方法不需要被控对象的先验知识，对初值要求不高，计算代价低，是求解全局最优问题的高效方法之一，粒子群算法具有良好的寻优特性，而且能避免单纯形法对参数初值的敏感性，在多极值函数以及多参数寻优问题上具有单纯形法无法比拟的优势；粒子群算法具有操作方便、运行速度快等优势，不需要复杂的规则和运算，能避免专家整定法中前期的知识库整理的工作及大量的仿真实验；粒子群算法具有较强的全局搜索能力，能有效避免陷入局部最优解；粒子群算法需要调节的策略参数少，能以较小规模的群体获得精确度足够高的解，搜索效率和收敛速度都优于遗传算法。

1. 粒子的设置

在 PSO-PID 整定过程中，应用 PSO 算法调节 PID 控制器的增益，通过将 PID 控制器的一组参数（K_p，K_i，K_d）作为 PSO 算法中一个粒子的位置，这样 PID 参数整定就转化为三维粒子的函数优化问题。

2. 适应值函数

利用智能算法作为调整 PID 控制器的参数的方法，需要有一个适应函数作为系统优劣的依据，当控制器的比例—积分—微分参数决定以后，便以下列的适应函数作为评估优劣的依据。粒子群算法的适应值函数，就是评价 PID 整定过程的性能指标，采用的适应函数为以下三种：积分平方误差（integral square-error，ISE）见式（7-24）、积分时间乘绝对值误差（integral of time multiplied by absolute-error，ITAE）见式（7-25）、积分绝对值误差（integral absolute-error，IAE）见式（7-26）。

$$T_{ISE} = \int_0^T e^2(t) \, dt \tag{7-24}$$

$$T_{ITAE} = \int_0^T t \, |e(t)| \, dt \tag{7-25}$$

$$T_{IAE} = \int_0^T |e(t)| \, dt \tag{7-26}$$

衡量一个控制系统的指标有三个方面：稳定性、准确性和快速性，已有的研究中常用的性能指标有 T_{IAE}，T_{ISE}，T_{ITAE} 等，这些指标的优点是只含有误差与时间两个变量，容易从系统输出响应中直接获得，但其缺点是指标中的误差始终以绝对值形式出现，无法区分正负误差，此外，没有直接反映出超调量和上升时间这两项衡量控制系统优劣的重要内容。

上升时间反映了系统的快速性，上升时间越短，控制进行得就越快，系统品质也就越好。但如果仅仅追求系统的动态特性，得到的参数可能使控制信号过大，在实际应用中会因系统中固有的饱和特性而导致系统不稳定，为了防止控制量过大应该在目标函数中加入表示控制量的项。

采用误差绝对值时间积分性能指标作为参数的最小目标函数，为了防止控制量过大，在目标函数中加入输入控制的平方项，因此，目标函数改写为

$$T_{\text{IAE}} = \int_0^\infty (w_1 |e(t)| + w_2 u^2(t)) \, \mathrm{d}t + w_3 t_u \tag{7-27}$$

式中，$|e(t)|$ 为系统误差；t_u 为上升时间；$u(t)$ 为控制器的输出；w_1，w_2，w_3 为权值。

为了解决系统超调问题，采用罚函数法，一旦产生超调，此时将超调量作为优化性能的一个指标，此时目标函数为

$$T_{\text{IAE}} = \int_0^\infty (w_1 |e(t)| + w_2 u^2(t) + w_4 |ey(t)|) \, \mathrm{d}t + w_3 t_u \tag{7-28}$$

式中，$w_4 >> w_1$，$ey(t) = y(t) - y(t-1)$，$y(t)$ 为被控制对象的输出。

第三节　多 Agent 算法及其在故障诊断中的应用

一、多 Agent 算法概述

Agent 有时称为"代理"，有时称为"组件""主体""助手""精灵"，至今仍无一致的认识，主要因为其含义随应用环境的变化而变化。在 AI 领域能为大部分研究人员所接受的定义是将 Agent 看作在某一环境中持续自主发挥作用、有生命周期的计算实体。下面是几个有代表性的描述：

（1）Agent 是具有自治和面向领域推理能力的系统。

（2）Agent 是一个能够实现信息对话、协商、协调的程序。

（3）Agent 是一个系统，可以感知环境和反作用于环境，系统持续的运行，并一直追求自己的目标以至影响系统对环境的感知。

（4）Agent 是能够理解系统未来行为的计算实体。

（5）Agent 是系统从无序到有序的序参量。

（一）多 Agent 的模型

多 Agent 系统是指由多个相互作用、相互联系的自治 Agent 组成的一个较为松散的多 Agent 联邦，这些 Agent 能够相互协同、相互服务，共同完成一个任务，其协作求解能力超过了单个 Agent。

Agent 的理论模型以自主性为前提，面对个体智能性和群体社会性的要求，研究如何建立理性 Agent，以及由理性 Agent 构成的多 Agent 社会。多 Agent 理论主要包括 Agent 的认知模型和有关理论，即研究如何用符号表示复杂现实世界中的 Agent，以及 Agent 如何根据各种信息对环境进行推理和决策。这种研究利用逻辑学作为工具，先精确定义关于 Agent 的各种概念，如信念、愿望、意图、协商、合作、承诺等，然后对有关推理问题进行研究，这方面的研究，Bratman 的 BDI（belief-desire-intention theory）理论被公认是 MAS 的理论基础之一。他从哲学上对人的行为意图进行了深入的研究，认为只有保持信念、愿望、意图的理性平衡才能有效地解决问题。

BDI Agent 思维状态包含信念（belief）、愿望（desire）、意图（intention）等。

信念描述了 Agent 对当前世界状况以及为达到某种效果可能采取的行为路线的估计，属于思维状态的认知方面，或者说，信念是 Agent 所掌握的信息，信念一般采用可能世界语义来描述，每一个情景对应于一个可能世界的集合，表示 Agent 认为它可能处于的世界。

愿望描述了 Agent 对未来世界状况以及可能采取的行为路线的喜好，属于思维状态的情感方面。愿望的一个重要特性是 Agent 可以拥有互不相同的愿望，而且 Agent 也不必相信他的愿望是可以实现的。

目标是 Agent 从愿望中选择的子集，是 Agent 可能要加入以追求的东西，目标是 Agent 当前拥有的选择，然而，Agent 还没有采取具体行动的承诺，一般需要 Agent 相信它的目标是可实现的。

意图由于 Agent 资源有限，它不能一次去追求所有的目标，即使这些目标是相容的，所以需要 Agent 再选择某个目标（或目标集合）来做出追求的承诺，意图属于思维状态的意向方向，作用是引导、监督 Agent 的动作。

承诺表示从目标到意图的转换，承诺还决定了 Agent 对于所追求的意图的坚持程度，它控制对意图的重新考虑。

规划在意图系统的实现中起着重要的作用，当 Agent 对某个目标做出追求的承诺后，意图就可以被视为行为的部分规划，所以，通常可以把意图按特定结构组合为规划。

1. 信念和意图的关系

意图信念一致性是指一个 Agent 应当相信它的意图是可能的．不相信它不会达到目的，在正确的条件下相信它会达到目的，意图信念不完全性是指一个 Agent 的意图达到某种状态，但它不是必须相信那种状态一定会实现，即 Agent 对其意图持有一不完全的信念是理智的；副作用问题是一个 Agent 有一意图 a，相信做 a 必须要做 b，那么也不必要求它有一意图做 b。

2. 意图和愿望的关系

内部一致性是指一个 Agent 要避免拥有一冲突的意图，但允许拥有一冲突的意愿；Means-end 分析意图要求 Agent 在未来某时刻要思考提出的问题，而愿望则没有这种必要；跟踪成功或失败意图可被认为是愿望加上行动和实现的承诺，所以必须对意图的成功或失败进行跟踪，在失败时进行重新规划，意图需要和信念一致，而愿望则不必。

在 Bratman 的理性平衡基础上，人们做出了多种 Agent 理论模型，其中最为典型的是 Cohen 与 Levesque 和 Ran 与 Georgeff 两种 BDI 模型，在 Cohen 和 Levesque 的模型中，那些不属于信念集的目标才是我们所关心的。另外，目标对蕴涵的封闭表明副作用问题存在，即 Agent 没有必要将目标的逻辑推论也作为目标，基于信念和目标定义的持续目标和意图同样存在这两个问题。

Cohen 和 Levesque 基于正规模态逻辑 NML 的可能世界模型对 BDI 进行描述，每个可能世界具有线性时间结构，与 Cohen 和 Levesque 的模型相比，Rao 和 Georgeff 的 BDI 模型中，意图、目标和信念之间的关系是相反的，还引入了意图模态算子。

（二）多 Agent 的通信与协调机制

在多 Agent 系统中，多 Agent 能实现通信和协同工作，拥有自主群体交互能力是非常重要的，Agent 间的通信行为包括交换数据和信息，分析通信内容与交互方式。通信不应是被动的行为，而是在整个系统运行中，Agent 意图发出或接受信息的常规需求。每次通信后 Agent 综合自身的任务目标和收到的相关信息等来决定的行为，这就形成了 Agent 系统中的多 Agent 交互协同机制。其中 Agent 的任务分配与规划是其协调机制的重要内容，任务分配与规划就是，根据目标与约束，选择特定适合的 Agent 完成相应的任务，并且多任务的发布和执行是有序的。而来自环境的干扰往往会使 Agent 失去准确的判断，Agent 间的通信行为就是为了更好适应环境变化、增强自身适应性，提高系统效率，实现全局的目标。

Agent 间的通信行为必须有一定的客观规则，而且通信必须要有交流的意图存在，也就是在通信时 Agent 有自身的行动规划并且接收方也有接收的需求存在。Agent 的规划和执行通信都是自主决定的，并且拥有某种合作的请求。换一种说法就是，在请求答复前的任何事件都只是假设事件，只有在发送方请求发出并获得肯定答复后，才是肯定事件。当某条信息发送出去时，实际上就等于扩展了接收者的观察范围，在收发双方信息逻辑冲突的情况下，信息的传递就成为双方协商的过程，是为了更多地改变对方的信息，并最大幅度地让对方进行让步和改变意图等。Agent 的协同机制对任务活动达成一致，从而完成个体所不能做到的任务。在 Agent 的协同机制中，基本方式有基于黑板系统的、基于市场驱动的和面向服务的方式。

（1）黑板系统是由数据对象集合、相对独立的问题求解模块、监督控制模块组成的，适用于无确定性求解策略。在这种协同机制中，Agent 每执行完一个动作都会在黑板上广告，而黑板控制模块会根据执行的动作来决定下一个执行转换，然后对未解决的独立问题进行优先级排序，依次执行。

（2）基于市场驱动的协同机制是依照供求原理进行协作的，其中 Agent 可充当多个买方或卖方。每个 Agent 根据当前的市场动态需求变化做出相应的调整和让步，买方或卖方做出让步的幅度由愿望、剩余时间、成功概率和竞争激烈程度来决定。

（3）面向服务的协同机制包括主体 Agent 和服务型 Agent，是根据服务质量、服务能力等参数博弈达成服务的协同机制。主体 Agent 存在偏好，而服务型 Agent 通过时间、资源和竞争对手等资料，双方依次提议达成一致后会生成合约。

（三）多 Agent 的实现工具与技术

Agent 以社会组织理论和建模/实现为基础，研究 Agent/MAS 的实现技术，已有的实现主要有实验测试床、集成系统、黑板框架和面向对象的并发程序设计 OBCP，最有代表性的是面向 Agent 的程序设计框架 AOP。

1. Java 语言

Java 是一种简单的面向对象的、多线程动态的解释型程序语言，它具有分布式、健壮性、高性能、安全性等特性，且与平台无关，可移植性强。移动 Agent 是在网络和电子商务快速发展的情形下提出的一种分布式计算模型，移动 Agent 是一段可从一台机器通过网络移动到另一台机器上运行的程序代码，根据需要可生成具有与父 Agent 相同性质的子 Agent。移动 Agent 的引入有助于减少网络传输和异步交互，同时对网络安全来说，又是巨大挑战。当前，移动 Agent 的研究朝着系统结构的设计和实现的最优化方向发展，利用 Java 的可移动性，Agent 技术可以构造可移动 Agent 系统。Aglet 是 IBM 开发的基于 Java 的移动 Agent 平台，Aglet 的核心是基于 Java 在运行期间可以动态加载和产生类实例的能力。

2. 面向 Agent 的程序设计

Agent 语言是使用 Agent 理论的概念和方法对 Agent 软件和硬件进行编程的语言，这方面的工作可以追溯到 Gasser 提出的 MACE 系统。基于认知计算和社会计算的观点，Shoham 于 1990 年提出的面向 Agent 的程序设计 AOP，使用思维属性和意图等概念描述 Agent，AOP 中的计算模块就是 Agent，它具有信念、能力、选择等思维属性，AOP 中的消息传递机制是基于言语行为理论，包括通知、请求、提供、拒绝等。

第一个实现 AOP 思想的语言是 AGENTO。Agent 定义成具有能力、初始的信念和承诺以及承诺规则，决定 Agent 如何运作的是承诺规则集，每条承诺规则包含消息条件、思维条件和动作，如果 Agent 收到的消息及当前的思维状态与一条承诺规则匹配，则该承诺规则被激活，Agent 变成对该规则动作的承诺。

AGENTO 是实现 AOP 思想的简化原型，一种更为详细和完整的 Agent 语言是 Thomas 于 1993 年在她的博士论文中实现的。PLACA 试图解决 AGENTO 中 Agent 具有规划能力的缺陷，PLACA 对 Agent 的编程以及逻辑部分与 AGENTO 相似，行为的通信请求是通过高层目标进行行为和目标的规划操作。

此后出现了 AGENT-K、Concurrent MetateM、AgentSpeak（L）、3APL 和 ConGolog 等多种 AOP 语言。

3. Script 语言

Script 语言是一种解释性程序开发语言，它本身就是一个分布式计算平台，它的集成用不同语言实现，分布不同宿主、不同操作系统的构件时，具有其他语言无可比拟的优势。更重要的是，它贴近用户所熟悉的问题域，易于被不同层次的用户所掌握。TCL（Tool Command Language）语言正是这样一种解释型的面向对象的 Script 语言，并与 Web 技术、Agent 技术紧密结合，且代码开放，易于扩展，是当今 Script 发展的主流方向。

Telescript 是 20 世纪 90 年代初由 General Magic 公司开发的用于构建多 Agent 系统的基于语言的环境。用 Telescript 实现的 Agent 也是解释型程序，其思想非常类似于用 Java 虚拟机解释 Java 字节码的方法。

目前，已有不少研究人员对 TCL 语言进行扩充，以便能够方便地构建 Agent，其中有代表性的就是 Dartrnouth 学院的 Agent TCL。

4. 分布式对象技术及系统

虽然 Agent 和对象具有不同的能力和不同的表现方式，但是 Agent 与对象都属于对象的概念范畴，可以将 Agent 看成是"对象+行为引擎"，通过纵向或者横向扩展对象来实现主动服务机制，从而产生能够在分布式对象环境中具有自主性、交互性、反应性和主动性的 Agent。从主流的分布计算技术和应用角度来看，发展分布式对象技术对多 Agent 应用系统的支持将是一项十分有意义的工作。

黑板框架是分布式系统中各个分布的 Agent 通过黑板共享数据存储，从而协作完成并行和分布式计算的模型，目前已有的 Agent 测试床有：基于 Agent 的控制系统的空间探测器 NASA、分布式车辆监测测试床（DVMT）和航空运输管理系统（OASIS）等。

现实世界中存在大量的逻辑分布和物理分布的应用问题，MAS 主要应用领域有语言处理、工业制造、过程控制、组织信息系统、空中交通控制、电子商务、网络安全、开发程序设计、分布传感和解释、运输调度、监控以及机器人学、空战模拟、机器人足球赛、基于网络的计算、软件工程和信息搜索和收集、信息过滤、信息管理等。随着 Agent 概念的推广和普遍应用，MAS 不仅应用于许多大型的分布式系统，而且深入到人类生活的各个领域，如个人软件助理，同时，MAS 技术已经与当前许多先进的应用系统紧密联系，这些应用系统一般都具有较大的规模，需要较大的投入，并且能够带来更大的经济和社会效益，随着网络信息技术的发展，为了给用户提供更加智能化和个性化的信息服务，Agent 技术逐渐成为网络通信领域的热点。

二、多 Agent 算法用于故障诊断的理论基础

（一）多 Agent 系统诊断技术

多 Agent 系统是分布式人工智能领域研究的主流，它的主要研究方向可以归纳为 Agent 认知模型、多 Agent 规划、冲突消解，多 Agent 协调与协作等。多 Agent 系统诊断技术，能够充分应用多 Agent 的知识、意图、规划和行为参与诊断，有效地协调多 Agent 系统中的诊断 Agent，实现并行推理，提高故障诊断系统的诊断能力。

在生产过程控制领域中，存在着大量的并发故障、动态过程、突发事件等复杂现象，这就要求故障诊断系统必须能在有效的时间内实时跟踪大型机电系统的运行状态，实现从故障的预防、隐患的产生到故障的消除全过程跟踪，要求复杂动态系统诊断问题的求解，能实现集成化、智能化、自动化和网络化。传统的专家系统技术已经不能满足诊断性能的需要，必须采用新的技术来构建软件体系结构。

面向代理的技术（Agent Oriented Technology，AOT）就是完成这一使命的全新技术。基于 Agent 的诊断系统的基本执行单元，是具有实时处理多维信息、相互作用和有效传递信念、承诺、意图等智能的自治的软件实体，从根本上适应了工程应用软件开发中实时、并发处理的需要。通过网络合作，充分利用空间分布的智力、信息和技术资源，以合作的方式解决问题，可以增强诊断系统对动态环境的适应性和对不完全信息的处理能力，实现网络环境下的分布式计算与问题求解。同时，基于 Agent 的诊断系统，可以克服传统人工智能诊断系统不能解决的实时性等条件的限制，实现故障诊断中的并发信息与事务处理、动态实时规划、推理及搜索以及非结构化问题求解等。

多 Agent 系统（Multi-Agent System，MAS）提供了分布式和合作问题求解的环境。在 MAS 中，每一个诊断 Agent（Diagnostic Agents，DAs）都可以面向各自的知识库，DAs 更多地模拟了专家合作诊断的过程，提高了 MAS 诊断系统的并行处理能力，但同时也带来了合作执行和综合评价问题。在 MAS 中，每个 Agent 都可以看成是具有某种心智状态的个体。Agent 的心智状态能影响它的决策，确定它所要采取的行动，并可由信念、期望和意图三个概念来刻画。信念表示 Agent 拥有的信息，期望指 Agent 可评估的状态，意图表示 Agent 有以前类似的情况下做出的决定，对 Agent 以后的状态有指导作用。

在工程软件实现中，每个 Agent 都可以看作进程的并发系统，其若干个进程的执行，表现为每个进程的原始动作的不确定的交互重叠。不同于传统的并发，Agent 自身能直接控制它的动作，但它不能控制环境，只能受环境影响并通过自身动作来无意中影响环境。

随着 MAS 诊断技术的发展，它对专家系统产生了极其重大的影响。MAS 诊断技术在专家系统中的应用，不仅增强了专家系统的智能水平，而且，提高了专家系统处理信息的能力。

（二）多 Agent 可重构诊断构成建模

由于诊断过程的复杂性，笼统地加以描述不能满足建模的要求，对过程的描述既需要具备定义能力也需要一定的分析能力。为此本节提出了基于 WBS 和 WBP（WBS Based Process）过程建模理论，WBP 以 WBS 为基础，综合工作流技术分析诊断过程，可以用以下元素来表示：

$$WBP = (ActConRouPartiRole)$$

其中，Act 表示活动（activity），Con 表示连接（connector），Rou 表示路由（routing），Parti 表示参与者（participant），Role 表示角色（role）。

（1）活动。任何一个诊断业务流程都可以分解到最基本的行为步骤，称为"活动"。它代表了为完成流程的最终目的而执行的独立（最小）任务，活动可能是人工执行的，也可能是自动执行的，任何活动总是与输入与输出相关的，对活动简单分类，有检测活动、信号分析活动、诊断决策活动、重构控制活动等。

（2）连接。这是对业务流程活动之间的时间逻辑和处理逻辑关系的描述，主要分为定义活动执行顺序的控制连接和表示数据关联性的数据连接，一个活动可以发出多个连接，也可以接受多个连接。每个连接还可以定义附加性的转移条件，根据连接的性质进行分类，可分为信息连接、物流连接和控制连接，信息连接表示活动之间的信息传递关系，通过该连接传递的信息将被接受该信息的活动进行处理，物流连接表示活动之间的物流连接关系，传送的对象属于资源类，控制连接本质上也是一种信息连接，不同的是连接该信息的活动或过程并不对其进行处理，而是受其约束。

（3）路由。路由是执行此业务所经过的活动和连接的时序排列描述，实际运行的流程还必须由一些额外的路由条件来决定，如活动开始条件、活动终止条件（与活动相关）和转移条件（与控制连接相关）。路由与连接的概念既相关又有区别，连接指前后相邻活动之间的关系，路由则指整个过程中的活动执行顺序，连接主要表述活动之间的处理逻辑，路由主要是对活动的时序描述。

（4）参与者。参与者是部分或全部执行某个活动时所需要的物质实体。

（5）角色。角色是组织中具有完成特定活动能力的参与者的逻辑表示，业务中的每个活动都要有角色与之相对应，并且需要属于相应角色的资源来完成，参与者可能会属于一个或多个角色。如果将过程中各部分封装成对象，它们的层次关系可由 UML 中的类图表示出来，过程信息是指过程中的连接与路由信息。

1. 由过程向 Agent 的转换

（1）过程的形式化描述。

在 WBP 中定义的过程描述为（Act，Con，Rou，Parti，Role），其中各部分解释见前文。为了对其作进一步的抽象与封装，现对诊断过程进行形式化描述：诊断过程 $P::=\{\langle C_i, R_i(C_i), S_i, L\rangle \mid C_i \subseteq C, R \subseteq R, S_i \subseteq S, L_i \subseteq L_i\}$，其中 C 为过程的活动集合，$C = \{c_1, c_2, \cdots, c_n\}$。$R$ 是活动间相互关系集合，$R::=R\{c_1, c_2, \cdots, c_n\}$。$S$ 是过程资源集合，$S = \{s_1, s_2, \cdots, s_n\}$。$L$ 是过程角色集合，$L = \{l_1, l_2, \cdots, l_n\}$。活动 $c_i = \{x_i, y_i, f_i\}$，x_i 为输入，y_i 为输出，f_i 为处理函数，相互关系为 $c_i: y_i = f_i\{x_i, s_i, r_i\}$。设 $X = \{x_1, x_2, \cdots, x_n\}$，$Y = \{y_1, y_2, \cdots, y_n\}$，$F_P = \{f_1, f_2, \cdots, f_n\}$，$R_P = \{r_P^1, r_P^2, \cdots, r_P^n\}$，则过程可描述为 $P::Y^T = F_P^T(X^T, S) \mid (R_P^T, L)$。WBP 中方程描述（Act，Con，Rou，Parti，Role）中 Act 即为活动集合 C，Con 与 Rou 成为活动间关系集合 R，Parti 成为资源集合 S，Role 成为角色集合 L。

（2）从过程向 Agent 的转换规则。

在实现过程到 Agent 的转换规则前，首先讨论三个操作算子，且定义了三个操作算子和五条转换规则。

1）构件识别算子 $\Delta(x, S)$。从系统 S 中识别并抽取 S 的组成构件 x 的详细信息。

2）格式识别算子 $\nabla(x, S)$。从系统 S 中识别并抽取 S 的组成构件 x 的格式信息。

3）封装算子 $\Theta(x, y, A)$。将 x 按照 y 的格式封装入 Agent 类 A。

根据前面过程与 Agent 的形式化描述，可以从以下几方面考虑从过程到 Agent 类的转换规则：一是从过程到 Agent 类 A 的智能体领域知识 DK 的转换规则；二是从过程到 Agent 类 A 的智能体映射模型 MK 的转换规则；三是从过程到 Agent 类 A 中智能体信息黑板 BB 的转换规则；四是从过程 Agent 类 A 中智能体协作知识 CK 的转换规则；五是以过程到 Agent 类 A 中智能体重构知识 PS-AR 和其他智能体知识 KA 的转换规则，然后对 DK、MK、BB、CK、PS-AR、KA 进行封装，并赋予标示符 ID，就能实现与诊断过程相对应的项目 Agent 类 A。

2. 诊断模型中的知识单元

模型中引入知识单元的概念，用以封装全局知识，知识单元以 WBS 为基础，在 WBS 层次结构中，知识单元位于过程模型的上一级，是定义 Agent 的基础，知识单元包含完成该域过程中特定任务的所有知识，知识单元与其对应的域过程一样，处于层次结构中，可以继承其父辈知识单元的知识，减少知识表达上的冗杂，提高知识的重用性。

下面是知识单元的原型描述，它由以下几部分组成：

Unit Agent in knowledge %Base of WBS

Supper Class：{（超类名）}

SubClass：{（子类名）}

Slot1：Parameter

…

Slot2：Method

…

Slot3：Data model

…

Slot4：Processing

…

Slot5：Decision-Making

…

Slot6：Exception

…

end；

分解层次结构关系槽：分解层次关系槽表达 WBS 与知识单元的层次关系，一个知识单元可以包括多个超类（SuperClass）和多个子类（SubClass），超类与子类明确地表示出WBS 体系关系。

属性槽：属性槽封装了该知识单元的特征，属性槽的作用在于一方面向上传递该知识单元的表述；另一方面向下对单元内 Agent 间互操作与通信机制进行规定。

方法槽：方法槽包含了知识单元的特定方法。方法是知识单元间的一种操作，如对其他知识单元发送消息或从它们获取消息、修改或填充槽值等。

数据模型槽，过程槽，决策槽与异常槽包括了 WBS 中数据、过程、计划、控制与异常的定义与操作，是进一步定义数据 Agent 类、过程 Agent 类、计划 Agent 类、控制 Agent 类与异常 Agent 类乃至这些 Agent 实例的基础。

3. 基于 Agent 的诊断模型

（1）诊断模型框架。

构造诊断模型如图 7-1 所示，采取 UML 中的配置图来表示。

在软件工程中，配置图用来描述系统硬件的物理拓扑结构以及在此基础上执行的软件，本文应用它来表示诊断动态模型的结构。

图中的 Component 可称为构件，在计算机领域，构件已成为支持可重用软件快速开发和改进的主流技术。Component 是将域模型中所有 Agent 按照高内聚、低耦合构造的实体，它是与域模型相对应的，整个动态模型中可以包含多个 Component。Component 包含多个过程 Agent、数据 Agent 和异常 Agent。Agent 间具有复杂的关系，在下文中具体描述，没有在图中标出，公共服务组是知识单元（knowledge unit）的集合，公共服务组通过AddRule（增加规则）、DelRule（删除规则）、ModifyRule（修改规则）、PrintRule（公布规则）等方法对其中的规则进行维护。Component 之间是有联系的，Component 内部的Agent 之间也存在联系，Component 与公共服务组存在联系与依赖。

（2）诊断模型重构机制。

从上图中诊断模型的结构可以看出，中等粒度的 Component 和其下一级的 Agent 形成的结构能够为系统重构提供多种策略，如果将 Agent 比作元器件，Component 比作插接元器件的线路板，可以形象地表示出两者产生的即插即用的效果，而这种效果正是诊断动态

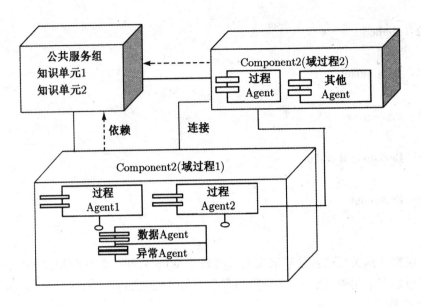

图 7-1   构造诊断模型

重构性的目的。

三、多 Agent 算法用于飞行器智能故障诊断

(一) 飞行器智能故障诊断

空间飞行器智能诊断系统如图 7-2 所示。

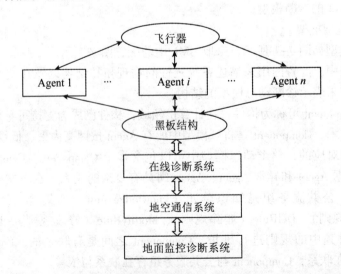

图 7-2   飞行器智能诊断系统框图

该系统以 Agent 为基本结构，主要由 Multi-Agent、黑板结构、在轨诊断系统、地空通信系统和地面监控诊断系统五部分组成。

智能 Agent 是一个对飞行器内部状态和外部环境变化具有实时感知、通信、行动、控制和学习能力的功能模块。在该系统中，根据空间飞行器的故障特征可将 Agent 分成若干组，每组都由若干个检测监控 Agent 和一个管理 Agent 组成。检测监控 Agent 负责对自己承担部件（系统）的工作状态进行实时监视和控制。其控制指令由黑板结构发出，并由监控 Agent 负责实现。管理 Agent 负责该组各检测监控 Agent 的协调与管理，并与其他 Agent 进行通信和资源共享。系统中的每个 Agent 除相互协作外，还具有较强的独立性和自主性。通信模块不但负责接收在轨综合诊断系统和地面网络诊断系统信息，还要承担与其他 Agent 的信息交互和协调动作。

实际使用中，飞行器每个关键部位分别由一个或多个 Agent 进行监视、监测和管理。如果发现异常，Agent 立即发出信号，通过黑板结构将信息传递到在轨诊断系统和地面诊断系统，对故障进行定位和定性。同时，在轨诊断系统和地面诊断系统通过协调并对 Agent 发出指令，Agent 根据故障的不同性质，采取相应的控制策略，对故障进行补偿、消除和自动修复。

黑板结构用来记录各 Agent 所需要和产生的信息，并对 Multi-Agent 进行协调、控制、通信和信息共享。黑板上的信息可以传输到地面，也可以不断地进行修改、删除和刷新。

在轨诊断系统用来对飞行器运行状态和常见故障进行在轨监测、诊断和管理。它是一个多任务、多知识、多模型和多种诊断方法集成的并具有高度自主能力的智能诊断系统。

通信系统负责飞行器与地面之间的信息交互。

地面监控诊断系统接收遥测数据，并对飞行器工作状态进行远程监视、仿真、分析、评价和故障模拟。它是由多个领域专家和多种智能诊断技术集成的网络化智能诊断系统。它比在轨诊断系统具有更强大的功能和对复杂故障的识别定位能力。

（二）飞行器智能诊断与容错功能的实现

1. 故障信息的来源

飞行器在工作过程中，其工作状态不断受内、外部条件的影响。如发射阶段的高温、高压、强震动；飞行阶段的真空、失重、振动、噪声、宇宙射线、流星体击撞等。在这些因素影响下，飞行器工作状态通常会发生变化，并以两种形式表现出来：一种是能量方式，如振动、温度、压力、电压、电流、磁场等；另一种是物态方式，如气体、液体、烟雾、泄露、变形、弯曲、断裂等。只要及时捕捉这些故障信息，并采取有效措施，就可以防止故障发生。

2. 信息的集成和优化策略

为了从故障信息中提取出飞行器的故障特征信息，可以采用分级分布式处理策略，即先对各 Agent 检测的故障信息进行分级和分类，再通过融合、集成和优化，就可得到反映飞行器工作状态的特征信息。

3. 故障识别与诊断

故障识别与诊断由在轨诊断系统和地面诊断系统协同完成。在轨诊断系统用于Ⅰ级实时诊断，地面诊断系统用于Ⅱ级远程诊断。

在轨诊断系统主要由故障分析 FAM、故障识别 FIM、故障预测 FPM、故障决策 FDM、故障学习 FSM、故障管理 FMM、故障控制 FCM、故障修复 FRM、故障预防 FUM 9 个模块和知识库 KB、数据库 DB、方法库 MB、决策库 IB 4 个库文件组成。该系统采用分散诊断和集中决策的方法，能快速将飞行器故障隔离到最小部件单元。

地面诊断系统采用专家协同会诊与专家系统、神经网络、模糊控制、小波分析等多种不同智能技术相结合的网络化智能诊断方法，用以完成飞行器异常分析和评价、疑难故障识别与处理、飞行状态模拟与故障修复，并以虚拟可视化方式对飞行器的技术状态进行远程实时监控。

4. 故障防护和快速修复

故障防护和快速修复主要由智能 Agent 实施完成。飞行器在飞行中如果发现不明飞行物（如微流星、火箭碎片等），环境巡视 Agent 会立即发出报警信号，并产生一种强磁场以避开飞行物而防止碰撞或击毁；当飞行器某部位出现裂纹时，裂纹修复 Agent 会释放一种能在数微秒内快速固化的电流变性流体（ER），对裂纹进行自动愈合修复；当飞行器发生强烈振动时，减振 Agent 通过调整飞行器结构刚度和阻尼以减小振动；当某部位出现泄漏时，泄漏防护 Agent 会释放一种泄漏修补剂，在数秒内就可完成泄漏修复。智能 Agent 诸多功能的实现都是在黑板结构和地面指令控制下完成。目前这些 Agent 的研制已经取得很大进展，不久即可进入实用阶段，并可用于飞行器的智能诊断、防护和快速修复。

对于软故障可以通过补偿、重构或调整系统结构参数等方法对其进行消除或快速修复。

第八章　计算机蚁群算法及其应用

蚁群算法是群体智能的一种典型实现，正在受到学术界的广泛关注。这是一种基于种群寻优的启发式搜索算法，由 M. Dorigo 等人于 1991 年首先提出。它充分利用了生物蚁群能通过个体间简单的信息传递，搜索从蚁穴至食物间最短路径的集体寻优特征，以及该过程与旅行商问题求解之间的相似性，得到了具有 NP 难度的旅行商问题的最优解答。同时，该算法还被用于求解 Job-Shop 调度问题、二次指派问题以及背包问题等，显示了其适用于组合优化类问题求解的优越特征。

蚁群算法之所以能引起相关领域研究者的注意，是因为该种求解模式能将问题求解的快速性、全局优化特征以及有限时间内答案的合理性结合起来。本章就蚁群算法概述、蚁群算法的改进以及蚁群算法在实际优化问题中的应用进行分析。

第一节　蚁群算法概述

一、基本蚁群算法的起源

蚂蚁是地球上最常见、数量最多的昆虫种类之一，常常成群结队地出现于人类的日常生活环境中。这些昆虫的群体生物智能特征，引起了一些学者的注意。意大利学者 M. Dorigo，V. Maniezzo 等人在观察蚂蚁的觅食习性时发现，蚂蚁总能找到巢穴与食物源之间的最短路径。经研究发现，蚂蚁的这种群体协作功能是通过一种遗留在其来往路径上的叫作信息素（pheromone）的挥发性化学物质来进行通信和协调的。化学通信是蚂蚁采取的基本信息交流方式之一，在蚂蚁的生活习性中起着重要的作用。通过对蚂蚁觅食行为的研究，他们发现，整个蚁群就是通过这种信息素进行相互协作，形成正反馈，使多个路径上的蚂蚁逐渐聚集到最短的那条路径上来的。

这样，M. Dorigo 等人于 1991 年首先提出了蚁群算法。其主要特点就是：通过正反馈、分布式协作来寻找最优路径。这是一种基于种群寻优的启发式搜索算法。它充分利用了生物蚁群能通过个体间简单的信息传递，搜索从蚁穴至食物间最短路径的集体寻优特征，以及该过程与旅行商问题求解之间的相似性，得到了具有 NP 难度（non-deterministic polynomical completeness）的旅行商问题的最优解答。同时，该算法还被用于求解 Job-Shop 调度问题、二次指派问题，以及背包问题等，显示了其适用于组合优化类问题求解的优越特征。1992 年，M. Dorigo 在他的博士论文中进一步提出了蚁群系统（Ant System，

AS)。在这篇论文中，根据信息素增量的不同计算方法，M. Dorigo 给出了三种不同的模型，分别称之为蚁周、蚁量和蚁密模型；同时通过大量实验，讨论了不同参数对算法性能的影响，确定了算法主要参数的有效区间。

这样，蚁群算法（Ant Colony System，ACS）所表现出来的群体智能就很好地模拟了蚁群做事的流程性及柔性分工特征，并且模拟了蚁群处理工作链脱节和延迟问题所采取的岗位替补与协同模式。

通过多年来世界各地研究工作者对蚁群算法的精心研究和应用开发，该算法现已被大量应用于数据分析、多机器人协作问题求解，以及电力、通信、水利、采矿、化工、建筑、交通等领域。

这里，要解释简单的程序规则如何使蚁群算法完成如此复杂的功能，其答案只能是：简单规则中的智能涌现。事实上，每个蚂蚁智能体并不是像我们想象的那样需要知道整个世界的信息，它们只需要关心很小范围内的局部信息，而且只需根据这些局部信息，利用几条简单的规则来进行决策。这样，在蚁群算法的群体求解模式中，其复杂性的性能特点就会通过群体协作凸显出来。这就是人工生命、复杂性科学的根本规律。

二、人工蚁群算法的基本思想

受到自然界中真实蚁群集体行为的启发，意大利学者 M. Dorigo 于 1991 年，在他的博士论文中首次系统地提出了一种基于蚂蚁种群的新型优化算法——蚁群算法，并用该方法解决了一系列组合优化问题。蚁群算法在解决这类问题中取得了一系列较好的实验结果，受其影响，该算法逐渐引起了许多研究者的注意，并将其应用到实际工程问题中。

在蚁群算法中，提出了人工蚁的概念。人工蚁有着双重特性：一方面，它们是真实蚂蚁行为特征的一种抽象，通过对真实蚂蚁行为的观察，将蚁群觅食行为中最关键的部分赋予了人工蚁；另一方面，由于所提出的人工蚁是为了解决一些工程实际中的优化问题，因此为了能使蚁群算法更有效，人工蚁具备了一些真实蚂蚁所不具备的本领。

（一）人工蚁与真实蚂蚁的异同

人工蚁绝大部分的行为特征都源于真实蚂蚁，它们的共同特征主要表现如下：

（1）是一群相互合作的个体。这些个体可以通过相互的协作在全局范围内找出问题较优的解决方案。每只人工蚁都能够建立一个解决方案，但高质量的解决方案是整个蚁群合作的结果。

（2）有着共同的任务。人工蚁和真实蚂蚁有着共同的任务，那就是寻找连接起点（蚁穴）和终点（食物源）的最短路径（最小代价）。真实蚂蚁不能跳跃，它们只能沿着相邻区域的状态行进，人工蚁也一样，只能一步一步地沿着问题的邻近状态移动。

（3）通过使用信息素进行间接通讯。人工蚁能够在全局范围释放信息素，这些信息素被局部地存于它们所经过的问题状态中。

在人工蚁群算法中信息素轨迹是通过状态变量来表示的。状态变量用一个 $n \times n$ 维信息素矩阵来表示，其中 n 表示问题规模，在旅行商问题中为城市数。矩阵中的元素 τ_{ij} 表示在节点 i 选择节点 j 作为移动方向的期望值。初始状态矩阵中的各元素设初值，也可以为零。随着蚂蚁在所经过的路径上释放信息素的增多，矩阵中的相应项也随之改变。人工蚁群算法就是通过修改矩阵中元素的代数值，来模拟自然界中的信息素轨迹更新的过程。

与真实蚂蚁的间接通信相似，人工蚁之间的通信也有两个主要特征：

（1）模仿真实蚂蚁信息素的释放。

通过给问题状态分配合适的状态变量来模仿真实蚂蚁信息素的释放。

（2）状态变量只能被人工蚁局部到达。

在人工蚁群中，人工信息素轨迹是一种分布式的数值信息。只有经过信息素轨迹的人工蚁使用相应的状态变量来表明它感受到了信息素，相反，没有经过该轨迹就不能够感受到相应的信息素。蚂蚁通过修改这些信息来反映它们在解决一个具体问题时所积累的经验。在蚁群算法中，局部的人工信息素轨迹是人工蚁进行通信的唯一渠道。

4. 自催化机制——正反馈

当一些路径上通过的蚂蚁越来越多时，其留下的信息素轨迹也越来越多，使得信息素强度增大。根据蚂蚁倾向于选择信息强度大的路径的特点，后来的蚂蚁选择该路径的概率也越高，从而增加了该路径的信息素强度，这种选择过程被称为自催化过程。自催化机制利用信息作为反馈，通过对系统演化过程中较优解的自增强作用，使得问题的解向着全局最优的方向不断进化，最终能够有效地获得相对较优的解。正反馈在基于群体的优化算法中是一个强有力的机制。但在使用正反馈时，要注意避免早熟收敛。在极少数个别情况下能够产生早熟收敛现象，例如，由于一个局部极优解的存在或仅仅因为最初的随机振荡，使得群体中一些不十分好的个体影响了这个群体，阻止了向全局最优的空间方向做进一步的搜索。

5. 信息素的挥发机制

在蚁群算法中存在着一种挥发机制，类似于真实信息素的挥发。这种机制可以使蚂蚁逐渐忘记过去，不受过去经验的过分约束，这有利于指引蚂蚁向着新的方向进行搜索，避免早熟收敛。

6. 不预测未来状态概率的状态转移策略

人工蚁和真实蚂蚁一样，应用概率的决策机制沿着邻近状态移动，从而建立问题的解决方案。人工蚁的策略只是充分利用了局部信息，而并没有利用前瞻性来预测未来的状态。因此，所应用的策略在时间和空间上是完全局部的。这个策略既是一个由问题状态所表示的信息函数，又是一个由过去的蚂蚁引起的环境局部改变的函数。

人工蚁拥有一些真实蚂蚁所不具备的行为特征，主要表现在以下五个方面：

（1）人工蚁生活在离散的世界中，它们的移动实质上是由一个离散状态到另一个离散状态的跃迁。

（2）人工蚁拥有一个内部的状态，这个私有的状态记忆了蚂蚁过去的行为。

（3）人工蚁释放一定量的信息素，它是蚂蚁所建立的问题解决方案优劣程度的函数。

（4）人工蚁释放信息素的时间可以视情况而定，而真实蚂蚁是在移动的同时释放信息素。人工蚁可以在建立了一个可行的解决方案之后再进行信息素的更新。

（5）为了提高系统的总体性能，蚁群被赋予了很多其他的本领，如前瞻性、局部优化、原路返回等，这些本领在真实蚂蚁中是找不到的。在许多应用中，蚁群算法中加入了局部更新规则。而到目前为止，只有 Michel 和 Middendorf 使用了一个简单的一步预测函数。除 Di Caro 和 M. Dorigo 使用过简单的恢复过程之外，还没有将原路返回的过程用于人工蚁群算法的例子。

（二）人工蚁群算法的实现过程

在蚁群优化算法中，一个有限规模的人工蚁群体，可以相互协作地搜索用于解决优化问题的较优解。每只蚂蚁根据问题所给出的准则，从被选的初始状态出发建立一个可行解，或是解的一个组成部分。在建立蚂蚁自己的解决方案中，每只蚂蚁都搜集关于问题特征（例如，在 TSP 问题中路径的长度即为问题特征）和其自身行为（例如，蚂蚁倾向于沿着信息素强度高的路径移动）的信息。并且正如其他蚂蚁所经历的那样，蚂蚁使用这些信息来修改问题的表现形式。蚂蚁既能共同地行动，又能独立地工作，显示出了一种相互协作的行为。它们不使用直接通信，而是用信息素指引着蚂蚁之间的信息交换。人工蚁使用一种结构上的贪婪启发法搜索可行解。根据问题的约束条件列出了一个解，作为经过问题状态的最小代价（最短路径）。每只蚂蚁都能够找出一个解，但很可能是较差解。蚁群中的个体同时建立了很多不同的解决方案，找出高质量的解是群体中所有个体之间全局相互协作的结果。

在蚁群算法中，以下四个部分对蚂蚁的搜索行为起到了决定的作用：

1. 局部搜索策略

根据所定义的领域概念（视问题而定），经过有限步的移动，每只蚂蚁都建立了一个问题的解决方案。应用随机的局部搜索策略选择移动方向。这个策略基于以下两点：①私有信息（蚂蚁的内部状态或记忆）；②公开可用的信息素轨迹和具体问题的局部信息。

2. 蚂蚁的内部状态

蚂蚁的内部状态存储了关于蚂蚁过去的信息。内部状态可以携带有用的信息用于计算所生成方案的价值/优劣度和/或每个执行步的贡献。而且，它为控制解决方案的可行性奠定了基础。在一些组合优化问题中，通过利用蚂蚁的记忆可以避免将蚂蚁引入不可行的状态。例如在 TSP 问题中，利用蚂蚁的记忆可以记录蚂蚁已经走过的城市，并将它们置于一个禁忌表中，禁止蚂蚁再重复经过这些城市，进而能够满足 TSP 问题的约束条件，从而有效地避免了将蚂蚁引入不满足 TSP 问题约束条件的状态。因此，蚂蚁可以仅仅使用关于局部状态的信息和可行的局部状态行为结果的信息，就能建立可行的解决方案。

3. 信息素轨迹

局部的、公共的信息既包含了一些具体问题的启发信息，又包含了所有蚂蚁从搜索过程的初始阶段就开始积累的知识。这些知识通过编码以信息素轨迹的形式来表达。蚂蚁逐步建立了时间全局性的激素信息。这种共享的、局部的、长期的记忆信息，能够影响蚂蚁的决策。蚂蚁何时向环境中释放信息素和释放多少信息素，应由问题的特征和实施方法的设计来决定。蚂蚁可以在建立解决方案的同时释放信息素（即时地逐步地），也可以在建立了一个方案后，返回所有经过的状态（即时地延迟地），也可以两种方法一同使用。前面曾经指出，正反馈机制在蚁群优化算法运行过程中起的重要作用是：选择的蚂蚁越多，一个步得到的回报就越多（通过增加信息素），这个步就变得对下一只蚂蚁越有吸引力。总的来说，所释放信息素的量与蚂蚁建立（或正在建立的）解决方案的优劣程度成正比。这样，如果一个步为生成一个高质量的方案作出了贡献，那么它的品质因数将会增长，且正比于它的贡献。

4. 蚂蚁决策表

蚂蚁决策表是由信息素函数与启发信息函数共同决定的，也就是说，蚂蚁决策表是一种概率表。蚂蚁使用这个表来指导其搜索朝着搜索空间中最有吸引力的区域移动。利用移动选择决定策略中基于概率的部分和信息素挥发机制，避免了所有蚂蚁迅速地趋向于搜索空间的同一部分。当然，探寻状态空间中的新节点与利用所积累的信息，这两者之间的平衡是由策略中随机程度和信息素轨迹更新的强度所决定的。

一旦一只蚂蚁完成了它的使命，包括建立一个解决方案和释放信息素，这只蚂蚁将"死掉"，也就是它将被从系统中删除。

标准的蚁群启发式优化算法除了上述的两个从局部方面起作用的组成部分（也就是蚂蚁的产生和活动，以及信息素的挥发）外，还包括一些使用全局信息的组成部分。这些信息可以使蚂蚁的搜索进程倾向于从一个非局部的角度进行。

三、蚁群算法基本机理

蚂蚁觅食时，从食物源到蚁穴的路径一般有多条，但是最终大多数蚂蚁会集中于其中的某条较短路径。1990年，Deneubourg等设计了经典的双桥实验，对这一现象进行了验证，同时提出信息素的存在是这一现象发生的主要原因。

信息素是蚂蚁之间为了传递信息而释放的一种化学物质。觅食时，蚂蚁会在经过的路径上释放信息素，而后面的蚂蚁根据周围路径上的信息素值确定自己的搜索方向。蚂蚁释放信息素，主观上所传递的信息不包含对所经过路径的评估，但客观上却隐含了这种评估。

假设每条路径上都各分派一只蚂蚁，则在同样的时间内（此时间应远超过最长路径所需的时间）短路径上信息素的累积速度大于长路径上的。反之，路径上所留的信息素值越大，说明该路径相对较短，所以根据路径上信息素值的大小可以对路径的优劣进行评估。

在整个搜索过程中，单只蚂蚁的行为是随机的，但是所有蚂蚁的行为通过自组织过程可形成一种高度有序的群体行为。这种群体行为具备系统的三个基本特征：多元性、相关性和整体性。系统中多个蚂蚁搜索路径，一次遍历可同时得到多条路径，具有多元性；蚂蚁之间通过路径所留的信息素传递消息，互相影响，体现了系统的相关性；单只蚂蚁很难搜索到较短的路径，但是蚁群可以完成这项任务，即整体功能大于个体功能之和，这体现了系统的整体性。

除了上述特征，此群体行为还具备系统的三个重要特征：分布式、自组织和正反馈。搜索路径时，较短路径的得到，依赖于个体蚂蚁的行为，但并不依赖于每一个蚂蚁的行为，最终任务的完成不会由于某些蚂蚁的缺陷而受到影响，这体现了生命系统的分布性。搜索过程中，个体蚂蚁的作用简单，但是蚂蚁之间的协作作用特别明显，这种个体间相互作用，协同完成某项群体工作的行为，表现出很强的自组织特性。搜索时，蚂蚁在较优路径上留下更多的信息素，更多信息素又吸引了更多蚂蚁选择此路径，这是一种正反馈的过程，这一过程可引导群体行为向最短路径的方向进化。

M. Dorigo将蚁群行为所具备的上述特性进一步完善，针对最小成本问题建立了基本蚁群算法。算法基于下面假设：

（1）每只蚂蚁仅根据其周围的局部路径及其信息素（通称为环境）做出反应，同时其行为也只对其遍历的路径产生影响；

（2）蚂蚁是反应型适应性主体；

（3）在个体水平上，蚂蚁仅根据环境做出独立选择，其行为是随机的；但是在群体水平上，蚁群可通过自组织过程形成高度有序的群体行为。

蚁群算法将蚂蚁、信息素、蚁群的觅食过程和路径分别抽象为人工蚂蚁、人工信息素（一般也分别简称为蚂蚁和信息素）、最小成本问题和问题的解。算法中，每只蚂蚁在问题空间的多个点同时相互独立地构造问题的解，整个问题的求解不会因为某只蚂蚁得到较差的解而受到影响，体现了蚁群行为的分布性，使得算法具有较强的全局搜索能力，也增加了算法的可靠性；初始遍历时，单只蚂蚁只是无序的搜索问题的解，但遍历多次后，蚁群会趋向于寻找接近最优解的一些解，体现了蚁群从无序到有序的自组织行为，这种行为可大大增强算法的鲁棒性；蚂蚁搜索到较优的解时，会在此解上释放较多的信息素，更多的信息素又吸引更多的蚂蚁搜索到此解，体现了蚁群行为的正反馈性，此特性可引导算法向着最优解的方向收敛。

四、蚁群算法的特点

由于蚁群算法是对现实蚂蚁群体觅食行为的一种模拟，是一种机理上的应用，因此没有必要完全再现真实蚂蚁系统，为了改善算法效率还会增加一些真实蚂蚁系统所不具备的能力。从上面的基本蚁群算法可以看出，人工蚂蚁系统具有如下几个真实蚂蚁群不具有的特点：

（1）人工蚁群系统是一个基于二维构造图的离散系统，人工蚂蚁的移动实质上是由一个离散状态到另一个离散状态的跃迁而真实蚂蚁是在现实的三维世界中的连续爬行行为。

（2）人工蚂蚁具有记忆蚂蚁过去行为的功能，这为解决带约束的组合优化问题提供了方便而真实蚂蚁并没有表现出这方面的能力。

（3）人工蚂蚁释放的信息素量是它所构造解的优劣程度的函数，而且根据更新策略的不同信息素释放的时机有多种选择，可以边移动边释放，也可以完成解的构造以后释放而真实蚂蚁释放的信息素量是一个定值，而且是一个边移动边释放的连续过程。

（4）为了提高系统的总体性能，蚁群算法中可以增加一些额外的特性，如增加与问题相关的启发式因子、采用局部优化策略、回退技术等。显然，真实蚂蚁系统不可能具备该特性。

5. 真实蚂蚁之间是一种协作的方式进行工作的，而人工蚂蚁之间既有协作又有竞争的关系。

五、蚁群算法研究现状

蚁群算法一经提出便引起了众多学者的重视，一系列的研究工作相继展开，研究主要集中于收敛性证明、算法改进和算法应用三个方面。蚁群算法同其他新出现的元启发式算法类似，基本机理易于理解，但是数学模型难以建立，致使难以进行理论分析。收敛性对一个算法而言至关重要，然而对蚁群算法收敛性的研究工作进展较慢。Gutjahr 最先开展这方面的工作，他从有向图论的角度对一种改进蚁群算法的收敛性进行了证明；Stutzle 与 Dorigo 针对具有组合优化性质的极小化问题提出了一种改进蚁群算法，并对其收敛性进行了理论分析，证明当计算时间趋于无穷大时，算法能搜索到全局最优解；Gutjahr 又提出了两种新的 GBAS：GBAS/tdev 和 GBAS/tdlb，证明通过选择合适的参数可保证算法收敛到最优解；段海滨等针对基本蚁群算法，利用离散鞅对蚁群算法的几乎处处收敛问题进行了研究；孙焘等对一类简单蚁群算法的收敛性及有关参数问题做了初步研究；丁建立等对一种遗传蚁群算法的收敛性进行了马尔可夫理论分析，并证明其优化解满意值序列单调不增且收敛；冯远静等提出一类自适应蚁群算法，并通过马尔可夫过程对算法的全局收敛性进行分析，得出该类蚁群算法全局收敛的条件；柯良军等将信息素分成有限个级别，通过级别的更新实现对信息素的更新，且此更新独立于目标函数，提出了一种新的蚁群算法，并利用有限马氏链理论证明算法可以线性地收敛到全局最优解。黄翰等基于吸收态马尔可夫过程对算法的收敛速度进行理论分析，给出了估算蚁群算法期望收敛时间的几个理论方法。

作为一种元启发式算法，蚁群算法具有分布式并行计算机制、易于与其他方法结合、具有较强鲁棒性等优点，同时也有两个明显的缺点：搜索时间长和容易陷入局部最优。为了改进这两个缺点，国内外学者在算法改进方面做了大量的工作。Gambardella 和 Dorigo 在基本蚁群算法的基础上提出了一种称为 Ant-Q System 的蚁群算法，算法仅取每次遍历中的最短路径信息进行信息素更新，且设置信息量最大路径的概率较大，增大其选中几率，强化最优信息的反馈。Stutzle 和 Hoos 将蚁群算法加以改进得到了一种新的算法：最大最小蚂蚁系统，将信息素值限定在某个给定的区间内，采用了一种轨迹平衡机制，避免算法陷入局部最优。吴庆洪等将遗传算法中的变异思想应用到蚁群算法，提出了一种具有变异特征的蚁群算法。Cordon 等提出了一种称为最好最差蚂蚁系统的新的蚁群算法，算法有 3 个重要的特征：①使用了一种积极的信息素更新策略，即只有最优蚂蚁才能释放信息素，同时对最差蚂蚁路径上的边进行判断，如果改边不属于当前最优路径，则减少此边的信息素；②算法中信息素的重初始化步骤频繁出现；③借鉴了进化计算中的变异，对信息素进行变异。萧蕴诗，李炳宇提出了一种基于模式学习的小窗口蚁群算法，将所求解问题置于一个较粗的粒度上进行计算，将一个高维空间问题转化为一个低维空间问题进行求解，提高算法的全局搜索能力。黄国锐等提出了一种基于信息素扩散的蚁群算法，提高了算法的全局收敛性能。徐精明等将蚂蚁进行分工，提出了一种多态蚁群算法，算法中引入了不同种类的蚁群，每种蚁群采用不同的信息素更新策略，大幅度提高了算法的收敛速度。王正初，李军基于种群熵，提出了一种改进自适应蚁群算法，引入种群熵判断算法是否陷入局部最优，通过交换部分边上的信息素增加解的多样性，提高了算法的搜索效率和全局收敛能力。闽克学等将蚁群算法和粒子群算法进行融合，得到了一种混合算法，算法利用粒子群算法对蚁群系统的参数进行优化，提高蚁群系统的优化性能。冀俊忠等针对蚁群算法在求解时间长这一不足，基于多粒度模型提出了一种快速的求解算法，提高了算法的时间性能。

目前人们对蚁群算法的研究已经由当初单一的 TSP 领域渗透到多个应用领域，由一维静态优化问题发展到多维动态组合优化问题，由离散域问题拓展到连续域问题。除了最常见的旅行商问题外，蚁群算法已经成功的应用到多种组合优化问题，主要有：旅行商问题、车辆路由问题、指派问题、调度问题、网络路由问题、排序问题、图形着色问题、机器学习、生命科学、分配问题、多重背包问题、集合覆盖问题、装箱问题等。

第二节　蚁群算法的改进

从蚁群算法发表并解决了旅行商问题之日起，它就引起了全世界相关研究领域的广泛关注。在此基础上，研究人员将传统蚁群算法进行了很多改进研究。本节就对其改进之后的主要方法进行论述。

一、遗传算法与蚂蚁算法融合的 GAAA 算法

（一）遗传算法与蚂蚁算法融合的基本思想

遗传算法具有快速全局搜索能力，但对于系统中的反馈信息却没有利用，往往导致无谓的冗余迭代，求解效率低。蚂蚁算法是通过信息素的累积和更新而收敛于最优路径，具有分布、并行、全局收敛能力。但初期信息素匮乏、导致算法速度慢。

为了克服两种算法各自的缺陷，形成优势互补，为此首先利用遗传算法的随机搜索、快速性、全局收敛性产生有关问题的初始信息素分布。然后，充分利用蚂蚁算法的并行性、正反馈机制以及求解效率高等特性。这样融合后的算法，在时间效率上优于蚂蚁算法，在求解效率上优于遗传算法，形成了一种时间效率和求解效率都比较好的启发式算法。将这种遗传算法（GA）与蚂蚁算法（ant algorithm，AA）融合的算法称为 GAAA 算法。

（二）GAAA 算法中遗传算法的结构原理

1. 编码与适应值函数

结合解决的具体问题，采用十进制实数编码，适应值函数结合目标函数而定。如 TSP 问题，以城市的遍历次序作为遗传算法的编码，适应度函数取为哈密顿圈的长度的倒数。

2. 种群生成与染色体选择

利用 rand 函数随机生成一定数量的十进制实数编码种群，根据适应值函数选择准备进行交配的一对染色体父串。

3. 交叉算子

采用 Davis 提出的顺序交叉方法，先进行常规的双点交叉，再进行维持原有相对访问顺序的巡回路线修改，具体交叉如下：

（1）随机在父串上选择一个交配区域，如两父串选定为：

old1 = 1 2|3 4 5 6|7 8 9

old2 = 9 8|7 6 5 4|3 2 1

（2）将 old2 的交配区域加到 old1 前面，将 old1 的交配区域加到 old2 的前面：

old1′ = 7 6 5 4 | 1 2 3 4 5 6 7 8 9

old2′ = 3 4 5 6 | 9 8 7 6 5 4 3 2 1

（3）依次删除 old1′，old2′ 中与交配区相同的数码，得到最终的两子串：

new1 = 7 6 5 4 1 2 3 8 9

new2 = 3 4 5 6 9 8 7 2 1

4. 变异算子

采用逆转变异方法，所谓"逆转"，如染色体（1—2—3—4—5—6）在区间 2—3 和区间 5—6 处发生断裂，断裂片段又以反向顺序插入，于是逆转后的染色体变为（1—2—5—4—3—6）。这里的"进化"，是指逆转算子的单方向性，只有经过逆转后，适应值有提高的才被接受下来，否则逆转无效。

（三）GAAA 算法中蚂蚁算法的设计

在 GAAA 算法中，蚂蚁算法采用最大—最小蚂蚁系统 MMAS 算法，这种算法在防止算法过早停滞及有效性方面较蚂蚁系统 AS 算法有较大的改进。考虑到将 MMAS 与 GA 算法的衔接，对信息素的初始设置及信息素更新做以下处理。

1. 信息素的初值设置

MMAS 是把各路径信息素初值设为最大值 τ_{max}，这里通过遗传算法得到了一定的路径信息素，所以把信息素的初值设置为：

$$\tau_S = \tau_C + \tau_G \tag{8-1}$$

其中，τ_C 为一个根据具体求解问题规模给定的一个信息素常数，相当于 MMAS 算法中的 τ_{min}；τ_G 为遗传算法求解结果转换的信息素值。

2. 信息素更新模型

采用蚁周模型进行信息素更新，即一周中只有最短路径的蚂蚁才进行信息素修改增加，而所有路径的轨迹更新方程均采用：

$$\tau_{ij}(t + 1) = \rho \cdot \tau_{ij}(t) + \sum \Delta\tau_{ij}^k(t) \tag{8-2}$$

其中 $\tau_{ij}(t)$ 为路径（i，j）在 t 时刻的信息素轨迹强度；$\Delta\tau_{ij}^k(t)$ 为蚂蚁 k 在路径（i，j）上留下的单位长度轨迹信息素数量；ρ 表示轨迹的持久性，$0 \le \rho < 1$，将（$1-\rho$）理解为轨迹衰减度。

二、具有感觉和知觉特征的蚁群算法

科学研究表明，蚂蚁对于外界刺激物有着惊人的感觉和知觉能力。在蚁群中，单只蚂蚁的能力和智力非常有限，但是整个蚁群可以有足够的能力来完成筑巢、觅食、迁徙、清扫巢穴等复杂行为，它们可以在各自的感觉和知觉能力支配下，很好地通过相互协调、分工、合作而完成任务。因此，我们可以在蚁群算法中模拟蚂蚁的这种感知现象，让蚂蚁根据知觉和感觉规律选择路径，以在加快收敛速度的同时保证解的多样性。根据感知规律，可以将蚁群算法中蚂蚁的搜索过程分为以下三个阶段。

（一）蚂蚁搜索的初始阶段

心理学研究指出，感觉和知觉是客观事物作用于神经系统，通过引起神经系统的活动而产生的。产生感觉和知觉的神经机构叫分析器，感受性是分析器对相应刺激的感觉能力。感觉是大脑对当前直接作用于感觉器官的客观事物个别属性的反映，而知觉是其整体属性的反映，两者是紧密相关的。但在实际的生物系统中，并不是所有的刺激都能引起人或者动物的感觉，只有达到一定量的刺激才能引起相应的感觉。现实生活中，往往会出现这样的情况：同是一种刺激，这个人感觉到了，另一个人却感觉不到，这就说明了他们的感受性是不同的。感受性是用感觉阈值的大小来度量的。感觉阈值是能引起感觉的、持续了一定时间的刺激量。心理学上把刚刚能引起感觉的最小刺激量，称为绝对感觉阈值。

在蚁群搜索过程的起始阶段，有的路径上有蚂蚁走过，有的路径还未来得及被涉足。而蚂蚁的路径选择策略是，一旦路径上有刺激物，即信息量多于其他路径，哪怕是很微弱的优势，它都会以较大的概率选择该路径，这就使得蚂蚁从搜索的一开始就以很大的概率集中到几条长度较短的路径上。在仿真实验中可以观察到，蚁群在搜索的初始阶段所得到的路径整体长度往往都偏大，导致了搜索所得的结果是局部最优而不是全局最优。

为了避免蚁群系统从搜索的一开始就失去解的多样性，受绝对感觉中阈值原理的启发，当路径上信息量的刺激量未达到蚂蚁的绝对感觉阈值时，可让蚂蚁忽视该刺激物的存在，也就是让蚂蚁在搜索初始阶段的路径选择不受信息量大小的影响。这里，我们可以将蚂蚁的绝对感觉阈值记为 AST。只有当信息量积累到超过 AST 时，蚂蚁才会在信息量的刺激下趋向于选择信息量较大的路径。通过这样的路径选择策略，就可以让蚂蚁在初始阶段选择较多的不同路径，以获得多样化的解，从而避免蚂蚁陷入局部最优，让蚂蚁尽量少走冤枉路。

（二）蚂蚁搜索的中间阶段

刺激物引起感觉之后，如果刺激量发生了变化（增多或减少），也会引起感觉的变化。但是，并不是刺激的所有变化量都能引起感觉。例如，如果在质量为 100 克的物体上只增加 1 克的质量，我们感受不到两者的差异。由于经验和潜意识的作用，当刺激条件的改变幅度仅局限于一定的范围内时，包括特定感觉的知觉的映象仍然会保持相对不变，这就是知觉的"恒常性"。只有当刺激变化到一定量时，才能使我们感觉到差别。能引起差别感觉的刺激物的最小变化量，称为差别感觉阈值。早在 19 世纪前半期，德国心理学家韦伯在研究差别感觉 19 值时发现，差别感觉阈值是随原来刺激量的变化而变化的，而且表现了一定的规律性。在一定的范围内，差别感觉阈值与原来量的比值是一个常数。如果将它用公式来表示，设 I 表示原来刺激物的强度，ΔI 表示差别感觉阈值，那么在 I 小于某个特定的限度 IT（Intensity-Threshold）时，就有：

$$\Delta I / I = K \tag{8-3}$$

这就是著名的韦伯定律。此处 K 是一个常数，称为韦伯系数。质量感觉的 K 为 $1/30$，听觉的 K 为 $1/10$，视觉的 K 为 $1/1000$。

由于各条路径上的信息量也是在不断变化的，我们可将上述规律应用到蚁群算法的搜索过程中。这里，我们改变传统蚁群算法中信息量一旦变化就直接影响蚁群路径选择的做法，认为蚁群在一定的刺激强度范围内也存在一个差别感觉阈值。当路径上信息量的增加或减少的量在差别感觉阈值之下时，蚂蚁就遵循知觉的恒常性规律，感受不到该路径上信息量的变化。这样，该条路径被选择的概率主要依据于以前迭代中蚂蚁的路径选择经验形成的潜意识作用;反之,蚂蚁就受其显意识控制,按照路径上所有蚂蚁信息量的高低决定路径选择概率的大小。根据韦伯定律,在具体实现此过程时,可以取:

$$CST = \tau_{ij}(t) K \tag{8-4}$$

式中,K 为蚂蚁对信息量感觉的韦伯系数,本文取值为 $1/50$,若记:

$$\theta_{ij}^k = \begin{cases} \dfrac{\alpha_{ij}^k}{\beta k_{ih}}, & \Delta\tau_{ij} \leqslant CST \\[2mm] \tau_{ij}(t)\, \eta_{ij}, & \text{否则} \end{cases} \tag{8-5}$$

式中:$\alpha_{ij}^k = \dfrac{\tau_{ij}^k(t)}{\displaystyle\sum_{h \in allowed} \tau_{ih}^k(t)}$,$\beta_{ij}^k = \dfrac{\tau_{ij}(t) - \tau_{ij}^k(t)}{\displaystyle\sum_{h \in allowed} [\tau_{ih}(t) - \tau_{ij}^k(t)]}$

$\tau_{ij}^k(t)$ 表示至 t 时刻蚂蚁 k 在路径 (i, j) 上历次遗留的总信息量,$\eta_{ij} = 1/d_{ij}$。这里,我们用 α_{ij} 表示在蚂蚁的潜意识作用下路径 (i, j) 对它的吸引程度,β_{ij} 表示该路径对其他蚂蚁的吸引作用。实际上,当蚂蚁 k 按照其潜意识选择路径时,β_{ij} 包含了所有其他蚂蚁所留信息量的作用,会干扰蚂蚁 k 的潜意识,构成潜意识作用下蚂蚁 k 对路径 (i, j) 的排斥作用。这样,蚂蚁 k 选择路径 (i, j) 的概率表示为:

$$P_{ij}^k = \begin{cases} \dfrac{\theta_{ij}^k}{\displaystyle\sum_{h \in allowed} \theta_{ij}^k}, & j \in allowed_k \\[2mm] 0, & \text{其他} \end{cases} \tag{8-6}$$

当路径 (i, j) 上的信息量变化 $\Delta\tau_{ij}$ 小于绝对感觉阈值时,蚂蚁按照自己的潜意识作用选路。此时,如果蚂蚁 k 在某一条路径上走过的次数越多,它对这条路径就越熟悉,其潜意识作用下选择该路径的概率就大。反之,当一条路径上其他蚂蚁的信息量越多,则潜意识中蚂蚁 k 对该路径就越排斥,该路径被选择的概率就小。这种机制有效地防止了蚂蚁一味相信他者而造成的盲从现象,大大降低了大量蚂蚁聚集于少数局部较优路径上造成早熟、停滞现象的可能性。当信息量变化较大时,蚂蚁在显意识作用下受整体信息量的影响而进行路径选择,遵循路径上走过的蚂蚁越多,选择该路径的概率越大的原则,趋向于选择优势较大的路径(这里的优势主要指其信息量较大和长度较短),保证了所选路径的优越性,并且加快了收敛速度。

(三) 蚂蚁搜索的结束阶段

由于韦伯定律只能在刺激物的强度 I 小于某个特定的限度 IT 时才能适用,在超过 IT 时并不适用,因此,当路径上信息量达到相当大的程度时,我们应改变蚂蚁的路径选择策略。为了确定 IT 的值,首先应估计各个路径上可能的最大信息量 $\tau_{\max}$。由于一条路径上的最大信息量只能出现在所有蚂蚁的每次迭代都选择该路径的情况下,若预定蚂蚁搜索的最大遍历次数为 NC,蚁群总数为 m,则此时的最大信息量可以表示为:

$$\tau_{\max} = NC \cdot m \cdot \text{适应度的数量级}$$

从绝对感觉阈值的定义可知,此处适应度的数量级应该与其相当,因此,可以取:

$$IT = h \cdot \tau_{\max} = h \cdot NC \cdot m \cdot AST \tag{8-7}$$

式中,h 为一常数,可取 $1/2$、$2/3$ 或 $3/4$ 等数值。应该看到,某路径上信息量强度较大,可能是因为进入了局部最优的状态，或者是因为整个蚁群的遍历行为已经接近尾声。但由于上述搜索中间阶段的选路策略已经有效地避免了停滞现象的产生，所以此时不大可能是因为陷入局部最优，而是因为这些路径占有的绝对优势。为加快收敛，此时可按照类似于 Ant-Q 中的选路策略来选择下一城市 j：

$$j = \begin{cases} \text{argmax}\{\tau_{ij}(t) \mid j \in allowed_k\}, & q \leq q_0 \\ \text{蚂蚁 } k \text{ 以下面 } P_{ij}^k(t) \text{ 的概率选择城市 } j, & \text{否则} \end{cases}$$

$$P_{ij}^k(t) = \begin{cases} \dfrac{\tau_{ij}(t)\,\eta_{ij}(t)}{\sum_{allowed_k} \tau_{ij}(t)\,\eta_{ij}(t)}, & j \in allowed_k \\ 0, & \text{否则} \end{cases} \tag{8-8}$$

式中，$\eta_{ij}(t) = 1/d_{ij}$；q 为产生的随机数；q_0 为一常数。

三、基于信息量分布函数的蚁群算法

在连续域优化问题的求解中，各单蚁职能体通过散布与其所在空间位置优劣程度相关的信息量分布函数，对蚁群的总体运动方向做出影响，而蚁群的总体运动方向是在特定区域内，对整个蚁群的信息量分布状态进行考察之后决定的。蚁群运动的总体效果反映在连续解空间内，并逐步收敛到最优解所在的邻近区域，各单蚁的信息量分布函数对整个解空间所处区域均有影响，其影响程度随各单蚁所在解空间位置距离的增加而递减。具体步骤如下：

（1）将蚁群在解空间内按一定方式做出分布。

（2）根据蚁群所处解空间位置的优劣决定当前蚁群的信息量分布。

（3）根据当前蚁群散布的总信息量分布和上一循环中信息量的遗留及挥发情况，决定各子空间内应有的蚂蚁数目。

（4）根据各子空间内应有的蚁群分布于当前蚁群分布之间的差别，决定蚁群的移动方向，并加以移动。

（5）之后转至第（2）步，循环往复，直至产生最优解为止。

四、随机扰动蚁群算法

（一）基本原理

蚁群算法的主要依据是信息正反馈原理和某种启发式算法的有机结合，其转移概率公式就揭示了这一原理。它表明，如果放到某条路径上的信息素越多且路径越短，那么该路径被蚂蚁选中的概率就越大，类似于遗传算法中的"轮盘赌法"。鉴于这样一层物理含义，可以设计如下更为简洁的转移策略：

$$C_{ij(k)} = \begin{cases} (\tau_{ij(k)}\,\eta_{ij(k)})^{\gamma}, & j \notin \text{tabu}_{(k)} \\ 0, & \text{其他} \end{cases} \tag{8-9}$$

C 为 $\max(C_{ij(k)})$ 所对应的城市。

式中，$\gamma > 0$ 为扰动因子。需要指出的是，公式中的 $C_{ij(k)}$ 不再是"转移概率"，而是路径 ij

的"转移系数"。由于蚂蚁总是选择转移系数最大的路径，这个值就具有一定的确定性。经分析可以发现，当 $C_{ij(k)}$ 取固定值时，算法与基本蚁群算法相同，仍不可避免出现停滞现象，因此有方案提出采用可变的扰动因子，考虑以下两点：

（1）蚂蚁个体的运动总是沿着转移系数最大的路径移动，当群体规模较大时，很难在短时间内从大量杂乱无章的路径中找出一条较好的封闭路径。因此在最初的几次迭代中，为加速算法的收敛，该因子应取较大的值，才能使得较好路径上的信息量明显高于其他路径上的信息量。

（2）若该因子一直不变，则必将导致某一路径上的信息量远远高于其他路径上的信息量。而此路径并不一定是最优的，这就会导致随后的搜索出现停滞现象。由此，在随后的搜索过程中应适当减小此数值。这一方面可以提高路径选择的多样性（即起到一定的扰动作用），另一方面又可以使收敛过程趋于平缓。

这里，可以设计倒指数关系曲线来描述扰动因子 γ：

$$\gamma = ae^{b/k}, \quad k = 1, 2, \cdots, M; \quad a > 0; \quad b > 0 \tag{8-10}$$

式中，M 表示最大的迭代次数；a，b 表示扰动尺度因子。特别地，为不失随机性，令 $a = a'X$，其中 $a' > 0$，X 是（0，1）中均匀分布的随机数。由式（8-10）可知，随着迭代次数的增大，γ 的值最终趋近于系数 a，而系数 b 的大小决定了曲线趋近于系数 a 的快慢程度。

考虑到传统蚁群算法中易出现的停滞现象，还可以采用随机选择策略，并在进化过程中动态调整随机选择的概率。同时，为了防止最优路径的漏选，对信息量最大的路径可以单独计算其概率。这样，就可设计如下的具有随机扰动特性的转移系数：

$$C_{ij(k)} = \begin{cases} (\tau_{ij(k)}\,\eta_{ij(k)})^{\gamma}, & \tau_{ij(k)} = \max(\tau_{is(k)}), \; s \notin \mathrm{tabu}_{(k)} \\ (\tau_{ij(k)})^{\alpha} \cdot \eta_{ij(k)}, & \tau_{ij(k)} = \tau_{is(k)} - \max(\tau_{is(k)}), \; \text{且} \; U \leq P_m, \; s \notin \mathrm{tabu}_{(k)} \\ (\tau_{ij(k)}\,\eta_{ij(k)})^{\gamma}, & \tau_{ij(k)} = \tau_{is(k)} - \max(\tau_{is(k)}), \; \text{且} \; U >_m, \; s \notin \mathrm{tabu}_{(k)} \\ 0, & \text{其他} \end{cases}$$

$$\tag{8-11}$$

式中，γ 为具有倒指数的扰动因子；$P_m \in$（0，1）称为随机变异率；U 是（0，1）中均匀分布的随机数。

该公式表明，某次迭代过程中某只蚂蚁有若干条路径可选，对于信息素密度最大的那一条路径，可应用转移系数公式；而对于其他的可选路径，则采用随机选择方式。该公式是确定性选择与随机选择相结合的产物。确定性选择导致蚂蚁总是选择转移系数最大的路径，而随机选择导致计算转移系数时具有较强的随机性。正是两者的共同作用才使算法具有更强的全局搜索能力。

（二）参数选取

在以上参数中，α，ρ，Q，γ，a，b 都是非常重要的，其选取对于计算的结果影响较大。参数 α 表示某一路径的信息量对蚂蚁选择路径的影响程度，参数 Q 的大小决定了路径上信息量的更新程度，对于不同的网络，它们的取值差别较大，难以确定其最佳的取值范围。变量 $\rho \cdot \tau$ 的物理含义为残留的信息素密度，即需要忘记一部分过去积累的信息，以便更好地利用最新的信息。所以，若 ρ 取值过小，则不能很好地利用过去积累的信息；若 ρ 很大，则不能达到信息素密度有效更新的目的。对于上述参数，目前的解析法还难以确定其最佳组合。这里，只能通过大量的数字仿真来进行参数的优化设置。

一般地，蚁群算法的参数可通过反复试凑得到，显然这将对算法的计算效率和收敛性产生不利影响。为此，可事先通过大量的数字仿真总结出一种较有效的参数选取方法，以此指导后续的参数优化工作。具体步骤如下：

（1）经大量仿真实验发现，参数 α 和 Q 值对算法的计算进程影响较大，取值范围也较大；而参数 ρ 和 P_m 对算法的计算进程的影响相对较小，其取值也相对固定（在 0~1 之间）。因此，我们首先随机设定一组 ρ 和 P_m 的值（在 0~1 之间），来调整 ρ 和 Q 得到较理想的解，称之为"粗调"。

（2）在基本确定 ρ 和 P_m 两个值之后，反过来调整 ρ 和 P_m，寻找更优的解，称之为"细调"。此后，在"细调"得到 ρ 和 P_m 的基础上，再进行"粗调"得到更好的 α 和 Q 值。如此反复，最终可得出一组较为理想的参数组合。

这种方法是在对不同的 TSP 问题进行大量数值仿真实验的基础上总结出来的，具有一定的普遍意义。

第三节　蚁群算法在实际优化问题中的应用

蚁群算法作为一种新的群体智能启发式优化方法，主要用于求解组合优化问题，其中包括旅行商问题（TSP）、二次分配问题（QAP）、车间任务调度问题（JSP）、车辆路线问题（VRP）、图着色问题（GCP）、有序排列问题（SOP）以及网络路由问题等。蚁群算法用于求解不同的组合优化问题，一类应用于静态组合优化问题，另一类用于动态组合优化问题。静态问题指一次性给出问题的特征，在解决问题过程中，问题的特征不再改变。这类问题的范例就是经典旅行商问题（TSP）；动态问题定义为一些量的函数，这些量的值由隐含系统动态设置。因此，问题在运行时间内是变化的，而优化算法须在线适应不断变化的环境。这类问题的典型例子是网络路由问题。本节就蚁群算法在实际优化问题中的应用例子进行分析。

一、蚁群算法在交通运输规划问题中的应用

本部分以上海市内河航道规划问题求解为例，介绍蚁群算法在交通运输规划问题求解中的应用。

（一）总体思路

这里所针对的分析对象为上海市航运网的随机优化问题求解。其运算网络包含 33 个节点，38 条河段，每节点有相应的运输任务，同时每河段有相应的运输能力。这里的运输任务与运输能力都是对未来的一个预期，有一定的随机性。在国内相关研究人员的努力下，对蚁群算法做了相应的改进，并配合随机分布技术，以上海市整个内河航道和集装箱

运输为研究对象，对内河航道进行了合理规划，得出了上海市内河集装箱集散系统合理的分配方案，并提出为满足该合理系统所需进行的相应的河道改造重点。

（二）相应蚁群算法的设计思路

这里所采用的分析对象为上海 2005 年的运输任务及航运网。在完成运输任务的同时，要求得出最优航道的选择情况和航道满载的概率，以期求得各河段相应的改造概率，从而保证该运输网络的畅通。实际所采用的网络模型由上海市现有内河航运系统抽象而成。

上海市内河航运网中，所需要考虑的因素与 TSP 问题有较大的出入：

（1）内河航运网不是完全的带权图，其规划最终目的也不是找一条代价最小的 Hamilton 回路。

（2）内河航运规划涉及许多随机的因素，这里只能先主要考虑河道运输能力的随机变化和各地集装箱数量的随机变化这两种因素。

（3）河段有运输能力的限制，而且内河航运网还有明确的运输任务要求。

因此，要利用蚁群算法来求解内河航运网的优化问题，就要求对蚁群算法做一定程度的改进，而不能限于 TSP 模型的框架中。

这里，首先不要求蚂蚁寻找出完整的 Hamilton 回路，而只需做出一定的限制，让其在所有运输能力的路径总寻找出不重复两点之间的最短距离。这样，就扩大了蚁群算法的应用范围，使之能适应许多场合的优化问题。当涉及的路径不多时，在初始化阶段所置的蚂蚁数可以适当增多。这样既可以加强蚁群搜索的范围，也可以使搜寻结果更优。

蚂蚁在旅程中，会记录它所通过的每个点。当记忆中的点有重复时，也即出现了环路，这时就宣告该蚂蚁搜索失败，程序将其搜索结果自动从数据库中删除。显然，在一条通路中如果包含环路，则肯定不是两点间的最佳通路。这样，某只蚂蚁到达目的点的时候，其旅程也告结束。另外，蚂蚁寻找路径，还需考虑各路径的实际通过能力，当某路径的能力耗尽时，则应把该路径视为截断。

（三）具体的蚁群算法流程

根据以上所述的总体原则，可设计相应的算法流程如下：
Begin
分配各点及各路径的编号；
for i = 1 to 33
　　初始化阶段；
　　选择目的地；
　　在 i 节点置 m 只蚂蚁；
　　每条路径上信息素的初始化；
　　该点货物总数的初始化（当前基数加上未来可能变化的随机量）；
　　每条河段运输能力的初始化（固定能力加上随机变化）；
运算阶段；
$c = 0$
while 没到目的地 and $k<M$（M 是预先设定的一大数，防止死循环）

```
for c = 0 to n
```
　　蚂蚁从上次的末节点出发，寻找下一路径；

　　将蚂蚁出发点的运输任务分配到其通过的河段；

　　判断河段是否已经满载，如果是，则修改数据表，视此河段为断路；

　　局部更新，根据该蚂蚁该次通过路径的长短，更新其上的信息素数量，并记录其长度及节点编号；

```
    next
    end for
    c = c + 1
    next
```
　　打印各点到目的点的路径及运输任务的分配；

　　求出各河段的满载率并打印

```
    end for
```
　　对整个网络进行统计，得出每条河的利用率

```
End
```

（四）实例运算结果

计算结果见表8-1，表中 i 为计算次数。由表8-1可见，河段1与2虽然运输任务差不多，但由于能力相差悬殊，所以利用率相差较大。相对而言，河段16~18运输任务较重，承担着许多节点的运输任务，而且运输能力有限。虽然2005年在CCC深水港分配的任务不多，但这些河段利用率已经比较高。随着CCC深水港的建设，这些河段将很快满载而需要改造。河段19比较特殊，其运输能力较小，东面是外高桥，考虑到以后河段的部分运输能力将为外高桥所占用，而且其周边地域广阔，对运输量要求较大，所以自然最先达到饱和状态。目前，上海市对这一河段正在进行必要的改造。由于河段19的满载，剩余的运输量将自然转移到与其相邻的比较合理的河段20。对于河段21，因为不管从哪点到港口，都不是最佳的路径；而且，周围河段的运输能力都没有完全利用，所以，其运输量暂时为0。等到相邻河段16、18、20等的运输量增加而不能满足时，方才选择河段21。河段26、27在运输网中的位置很关键，鉴于目前的改造情况，运算时预先设定其运输能力为100。和河段16~18等一样，在以后的日子里，河段26、27的运输量也将大幅度上升。河段38是CCC深水港与各点的唯一通道，随着深水港的建成，应该将其建设成一条运输量很大的河段方能满足需要。

河段代号	满载率/%										满载概率/%
	$i=1$	$i=2$	$i=3$	$i=4$	$i=5$	$i=6$	$i=7$	$i=8$	$i=9$	$i=10$	
1	37.08	37.41	37.06	38.65	37.46	35.96	38.17	34.55	35.11	36.22	0
2	1.84	1.55	0.95	1.27	1.53	1.43	1.51	1.52	1.63	0.99	0
16	19.44	19.29	18.15	19.17	19.57	18.47	18.89	18.19	18.87	19.24	0
17	31.21	31.78	31.58	31.09	31.46	31.72	31.64	30.78	30.45	31.12	0

河段代号	满载率/%										满载概率/%
	$i=1$	$i=2$	$i=3$	$i=4$	$i=5$	$i=6$	$i=7$	$i=8$	$i=9$	$i=10$	
18	39.64	37.99	37.98	38.11	38.47	38.34	38.67	39.17	39.21	38.69	0
19	100	100	100	100	100	100	100	100	100	100	100
20	35.82	34.12	35.16	36.07	38.07	34.98	34.99	37.09	35.82	34.56	0
21	0.00	0.00	0.00	0.00	0.00	0.00	0.00	0.00	0.00	0.00	0
22	98.10	100	97.68	99.01	99.80	100	97.98	98.54	98.67	100	30
26	39.81	38.98	38.99	39.47	39.18	39.74	38.84	39.11	39.17	39.11	0
27	32.03	32.04	32.01	30.38	32.85	31.08	30.82	30.89	31.65	32.35	0
28	12.89	14.04	13.58	13.64	13.89	12.98	14.01	14.18	12.89	14.18	0
38	70.47	70.54	70.88	70.70	70.67	71.00	70.85	70.31	70.11	70.03	0

二、蚁群算法在网络路由中的应用

路由是网络控制中最关键环节之一，它涉及建立和使用路由表来指导数据通信量在网络范围内的分配活动。一个普通节点 i 的路由表是一种数据结构，这种数据结构可以判断进入数据包的节点 i，应该是在 i 的邻域组 N_i 中要移动到的下一个节点。在这一部分介绍的应用中，用于数据包的路由表是通过蚂蚁决策表的一些函数转化获得的。

令 $G=(N,A)$ 为一个有向加权的图，其中在 A 中的每一个节点都代表一个具有处理/排队和转发功能的网络节点，在 A 中的每一个确定方向的弧都是一个有着相关权值的传输系统（链路），权值是由它的物理属性定义的。网络应用产生于源节点到终节点的数据流。对于在网络中的每一个节点，局部路由组件使用局部路由表来选择最优的链路链接，从而指导接收的数据向着它们的终节点传输。

普通的路由问题可以一般地陈述为，建立一个路由表从而使得网络性能的一些量度最大化。路由问题中应用绝大部分 ACO 的启发式程序一般可以概括为如下形式：

```
1 Procedure ACO_Meta_ heuristic( )
2     while( termination_criterion_not_satisfied)
3     schedule_activities
4     ants_generation_and_activity( );
5     pheromone_evaporation( );
6     daemon_actions( );{optional}
7     end schedule_activities
8     end while
9 end procedure
10 procedure ants_generation_and_activity( )
11     while( available_resources)
```

```
12    schedule_the_creation_of_a_new_ant( );
13    new_active_ant( );
14 end while
15 end procedure
16precedure new_active_ant( ) {ant lifecycle}
17 initialize_ant( );
18M = update_ant_memory( );
19 while( current_state ≠ target_state)
20A = read_local_ant_routing_table( );
21P = compute_transition_probabilities( A, M, problem_constraints );
22 next_state = apply_ant_decision_policy( P, problem_constraints );
23 move_to_next_state( next_state );
24 if( online_step_by_step_pheromone_update )
25 deposit_pheromone_on_the_visited_arc( );
26 update_ant_routing_table( );
27 end if
28M = update_internal_state( );
29 end while
30 if( online_delayed_pheromone_update )
31 evaluate_sooution( );
32 deposit_pheromone_on_all_visited_arcs( );
33 update_ant_routing_table( );
34 end if
35 die( );
36 end procedure
```

蚂蚁从每一个网络节点被释放，朝着期望的被选终节点移动（释放遵循某个随机的或具体问题的时间表）。蚂蚁，像数据包一样，通过应用一种概率的转移规则，沿着网络移动并建立从源节点到终节点的路径。概率的转移规则充分利用了保持在与链路链接关联的信息素轨迹变量中的信息，和在一些情况下额外的局部信息。具体算法的启发法和信息结构用于评价已经找出的路径和设置蚂蚁释放的信息素量。用于路由的 ACO 算法的一个共同特征是 Daemon 的作用被大大地削弱了：在大多数应用中它不执行任何动作。

应用于通讯网络的 ACO 分为两类：一类用于有向连接网络，一类用于无连接的网络。在有向连接网络中，同一个话路的所有数据包沿着一条共同的路径传输，这条路径是由一个初步设置状态选出的。相反，在无连接或数据包中，同一话路的网络系统数据包可以沿着不同的路径传输。在沿着信道从源节点到终节点的每一个中间节点上，一个具体包转寄决策是由局部路由组件做出的。在两种类型的网络中，效果最好的路由，即没有保留任何外部资源（软件或硬件）的路由，都能够被传送。而且，在有向连接的网络系统中也可以进行资源的外部保留（软件或硬件）。通过这种方式，可以传送需要特殊特征（在带宽、延迟等方面）的服务。

本部分无连接网络系统路由为例进行详细论述。

几种 ACO 算法已经被用于在无连接网络中路由，它们总的来说是受到 AS 的启发，特别是也受到了 ABC 的启发而生成的。

Di Caro 和 Dorigo 开发了多种蚂蚁网络。蚂蚁网络是一种用在效果最好的无网络数据网络系统（类似于因特网）中进行分布适应路由的 ACO 算法。ABC 与蚂蚁网络之间的主要不同点是：①在蚂蚁网络中，蚂蚁的真实运行时间（蚂蚁和数据包在同样的真实网络上移动）和局部策略模型是用于评估路径的优势。②一旦建立了一个完整的路径就会释放信息素（这是一个选择，它由网络系统所做假设的不对称代价所限定）。③蚂蚁决策规则充分利用了关于当前通信量状态的局部启发信息 η。

在蚂蚁网络中，节点 i 的蚂蚁决策表 $A_i = [a_{ind}(t)]_{|N_i|}$，$|N|-1$ 是通过局部信息素轨迹值与局部启发值的结合得到的

$$a_{ind}(t) = \frac{\omega \tau_{ind(t)} + (1-\omega)\eta_n}{\omega + (1-\omega)(|N_i|-1)} \qquad (8-12)$$

其中，N_i 是节点 i 的邻域组，$n \in N_i$；d 为终节点；η_n 为一个 $[0,1]$ 之间被标准化了的启发值，它反比于将朝着临节点 n 传送的局部链接队列的长度，$\omega \in [0,1]$ 为一个加权因子，分母为一个标准化的项。位于节点：并且被指导向着终节点 d 移动的蚂蚁的决策规则，使用了蚂蚁决策表的记录 $a_{ind}(t)$：$a_{ind}(t)$ 仅仅是选择临节点 n 的概率。这个概率选择被蚂蚁应用于所有还未访问的临节点上，或在所有的临节点都已经被蚂蚁访问过的情况下应用于所有的临节点。在建立通向终节点路径的过程中，蚂蚁使用与数据相同的链接队列移动。以这种方式，蚂蚁和数据包一样被延迟，在从源节点 s 向终节点 d 移动的过程中所消耗的时间 T_{sd} 可以被用做路径质量的量度。一个路径的总质量因数通过行程时间 T_{sd} 和局部适应策略模型的一个启发函数进行评估。事实上，路径需要相对于网络状态来评估，因为在低阻塞的情况下评价为低质量的行程时间 T 可以成为高通信负荷下的高质量。一旦完成一个路径，蚂蚁在被访问节点上释放一定量的信息素，其与它们建立路径的质量因数成正比。蚂蚁网络中的蚂蚁只使用这种在线延迟的方法来更新信息素，与 ABC 不同。ABC 只使用在线逐步策略。为了这个目的，蚂蚁达到它们的终节点后沿着相同但方向相反的路径返回源节点，并使用高优先权队列，使得被收集的信息能够快速传输（在 AntNet 中，词组"前进的蚂蚁"指从源节点向终节点移动的蚂蚁，词组"返回的蚂蚁"用来指返回源节点的蚂蚁）。在返回路径期间，每个被访问链路的信息素值用一个与 ABC 的规则相似的规则来更新。

AntNet 在 ABC 很多较次要的细节上也不同，其中最重要的是：①蚂蚁朝着所选的终点从每个节点被释放并概率地与通信模式相匹配；②在一个蚂蚁路径上所有信息素值被更新，它与（前进）路径上的所有后续节点都有关；③循环被从蚂蚁的路径上在线地移除；④通过使用路由表概率地路由数据包。路由表是通过使用蚂蚁决策表的一个简单的函数转换而获得的。一个连续时间离散事件的网络系统模拟器，在各种不同空间和时间的通信条件下，以及在几种真实的随机产生的网络结构下（从 8 个到 150 个节点）对 AntNet 进行了检测。对顶级的静态适应性路由算法进行对比研究结果表明，AntNet 在吞吐量和包延迟方面都显示出了惊人的优越性能。而且，它看起来对蚂蚁的产生率具有非常好的鲁棒性，对网络资源的影响几乎可以忽略。

Di Caro 和 Dorigo 开发了一个 AntNet 的增强版，称做 AntNet-FA。AntNet-FA 除了只在如下两个方面与 AntNet 不同外，其他方面两者完全相同。首先，前进的蚂蚁被所谓的"飞蚁"代替。在建立一个从源节点到终节点的路径过程中，飞蚁充分利用了高优先权队列并且不存储行程时间 T。其次，每个节点保持着局部连接队列耗尽过程的一个简单局部模型。通过使用这个模型，粗略估计失去的前进蚂蚁行程时间。返回的蚂蚁在线地读取这些估计值并使用它们来估计路径的质量，从而计算出要释放的信息素量。AntNet-FA 看上去更容易做出反应，被蚂蚁收集的信息更接近最新的信息并且比在原来的 AntNet 中传播得更快。经过观察，在结果最好的无连接网络中 AntNet-FA 比原来的 AntNet 表现好得多。

从 AntNet-FA 开始，Di Caro 和 Dorigo 研究开发了一个路由和流程控制系统 AntNet-FS，用来在有向连接高速网络系统中管理多通路适应性公平共享的路由。在 AntNet-FS 中，一些蚂蚁有一些额外的功能支持搜索和为每个新引入的用户话路分配多路径。前进设置的蚂蚁分开搜索合适的多通道来分配话路。对话路终端为局部的一个 daemon 组件决定是否接受由前进设置蚂蚁发现的虚拟线路。被接受的虚拟线路由返回的设置蚂蚁分配，同时在线路的节点上以公平共享的方式保留话路的带宽。在一个新话路到来或一个旧话路撤出之后，被分配的带宽动态地重新分配和匹配。AntNet-FS 方法对高速网络（如 ATM）有较好的应用前景。

Subramanian、Druschel 和 Chen 提出了规则的蚂蚁算法，它本质上是 Schoonderwoerd 的 ABC 算法在包转换网络系统中的一个应用，其中唯一的不同是使用了连接代价代替了蚂蚁年龄。他们的蚂蚁使用链路代价的方式要求网络系统的代价大约是对称的。他们还提出了统一的蚂蚁，就是说，蚂蚁没有一个精确的目的地，它们在网络中生存一定量的时间并通过在临节点上使用统一的概率方案来探索该网络。统一的蚂蚁不使用自催化机制，该机制表现了所有 ACO 算法的特征，因此统一的蚂蚁不属于 ACO 现代启发式算法。

Heusse、Guerin、Snyers 和 Kuntz 开发了一种新算法用于普遍的代价不对称网络，称为协作的不对称前向网络（CAF）。在 CAF 中每个数据包从节点 i 传输到节点 j 之后，在节点 j 上释放关于从节点 i 经历过的等待和通过的时间总和的信息。这种信息被用做从 i 到传输的时间距离的一个估计值，并且被沿着反向移动的蚂蚁读取用来执行在线逐步地信息素更新（在这种情况下不使用在线延迟的信息素更新）。该算法的作者在一些静态和动态的情况下检测了 CAF，使用在队列中等待的包的平均数量和平均包延迟作为性能指标。他们将 CAF 与一种非常类似于 AntNet 早期的算法进行了比较。在所有的检测情况下，CAF 都表现出了优良的性能。

Van der Put 和 Rothkrantz 设计出了 ABC-backward，一个可用于代价非对称网络 ABC 算法的扩展。他们使用了与 Antnet 中相同的前进返回蚂蚁机制：前进的蚂蚁，在从源节点到终节点移动的过程中，收集关于网络状态的信息，而返回的蚂蚁使用这些信息来更新在它们从终节点返回源节点的过程中所访问过的线路的信息素轨迹。在 ABC-backward 中返回的蚂蚁使用一个更新公式来更新信息素轨迹，这个更新公式除了其中的蚂蚁年龄被蚂蚁前进过程中经历的行程时间所代替，其他与 ABC 中使用的完全相同。Vander Put 和 Rothkrantz 通过实验显示：ABC-backward 在代价对称和代价不对称网络系统中的性能都比 ABC 好。在代价对称网络中好的原因是返回的蚂蚁能避免循环地释放信息素。他们将 ABC-backward 应用到了荷兰最大的电话公司（KPN 电信）提出的传真分配问题中。

参考文献

［1］蔡自兴，李昭，等．基于方向边缘匹配的人行横道与停止线检测［J］．计算机工程，2013，39（06）：261-265．

［2］程杰．大话数据结构［M］．北京：清华大学出版社，2011．

［3］董荣胜，古天龙．计算机科学与技术方法论［M］．北京：人民邮电出版社，2002．

［4］傅德胜，周辰．基于密度的改进K均值算法及实现［J］．计算机应用，2011，31（2）：432-434．

［5］宫云战．软件测试［M］．北京：国防工业出版社，2006．

［6］官兴荣．求解多维背包约束下下模函数最大值问题的近似算法及性能保证［D］．兰州：兰州交通大学，2013．

［7］贺毅朝，王熙照，寇应展．一种具有混合编码的二进制差分演化算法［J］．计算机研究与发展，2007，44（9）：1476-1484．

［8］黄小诚，王希武，常东升，等．改进的差分演化算法在测试数据生成中的应用［J］．计算机应用，2009，29（6）：1722-1724．

［9］李士勇．蚁群优化算法及其应用研究进展［J］．计算机测量与控制，2003，11（12）：911-913．

［10］李洲．基于通用处理器对LTE-A上行数据信道接收算法的研究［D］．北京：北京邮电大学，2013．

［11］刘凌子，周永权．一种基于人工鱼群和文化算法的新型混合全局优化算法［J］．计算机应用研究，2009，26（12）：4446-4448．

［12］刘志硕．基于自适应蚁群算法车辆路径问题研究［J］．控制与决策，2005，20（5）：522-526．

［13］吕国英，李茹，王文剑．算法设计与分析［M］．北京：清华大学出版社，2015．

［14］骆吉州．算法设计与分析［M］．北京：机械工业出版社，2014．

［15］Henry S，Warren Jr．算法心得：高效算法的奥秘［M］．爱飞翔，译．北京：机械工业出版社，2014．

［16］塞奇威克（Sedgewick，R），韦恩（Wayne，K）．算法分析导论［M］．谢路云，译．北京：人民邮电出版社，2012．

［17］托马斯．H．科尔曼．算法基础打开算法之门［M］．王宏志，译．北京：机械工业出版社，2016．

［18］潘建亮．无人驾驶汽车社会效益与影响分析［J］．汽车工业研究，2014（05）：22-24．

[19] 彭红，肖进胜，程显，等．基于扩展卡尔曼滤波器的车道线检测算法［J］．光电子·激光，2015，26（03）：566-574.

[20] 彭志刚，张记会，徐心和．基于遗传算法的知识获取及其在故障诊断中的应用研究［J］．信息与控制，1999，28（5）：391-395.

[21] 齐德昱．数据结构与算法［M］．北京：清华大学出版社，2003.

[22] 曲良东，何登旭，黄勇．一种新型的启发式人工鱼群算法［J］．计算机工程，2011，27（17）：140-142.

[23] 曲倩倩，曲仕茹，等．混合遗传算法求解配送车辆调度问题［J］．计算机工程与应用，2008，44（15）：205-207.

[24] 邵维忠，杨芙清．面向对象的系统分析［M］．北京：清华大学出版社，1998.

[25] 申龙斌，李臻，魏志强，等．一种改进的图像场景识别［J］．中国海洋大学学报（自然科学版），2015，45（04）：43-46.

[26] 沈孝钧．计算机算法基础［M］．北京：机械工业出版社，2013.

[27] 施吉林，等．计算机数值方法［M］．北京：高等教育出版社，1999.

[28] 王家廞．离散数学结构［M］．北京：清华大学出版社，2004.

[29] 王联国，洪毅，赵付青，等．一种改进的人工鱼群算法［J］．计算机工程，2009，34（19）：192-194.

[30] 王联国，洪毅，赵付青，等．一种简化的人工鱼群算法［J］．小型微型计算机系统，2009，30（8）：1663-1667.

[31] 王联国，施秋红，洪毅．PSO 和 AFSA 混合优化算法［J］．计算机工程，2010，36（5）：176-178.

[32] 王联国，施秋红．人工鱼群算法的参数分析［J］．计算机工程，2010，36（24）：169-171.

[33] 王棚飞，刘宏哲，袁家政，陈丽．一种基于图像匹配的地面交通标志实时识别方法［J］．计算机科学，2014（06）：317-323.

[34] 王秋芬，吕聪颖，周春光．算法设计与分析［M］．北京：清华大学出版社，2011.

[35] 王晓东．计算机算法设计与分析［M］．北京：电子工业出版社，2007.

[36] 王晓东．算法设计与分析［M］．北京：清华大学出版社，2014.

[37] 王晓云，陈业纲．计算机算法设计、分析与实现［M］．北京：科学出版社，2012.

[38] 王洋．一种基于模板匹配的交通标志识别方法［D］．长春：吉林大学，2013.

[39] 向阳，于长锐．基于知识的规划模型构造系统研究［J］．系统工程学报，2002，17（1）：71-77.

[40] 徐子珊．从算法到程序（从应用问题编程实践全面体验算法理论）［M］．北京：清华大学出版社，2013.

[41] 严蔚敏，吴伟民．数据结构［M］．北京：清华大学出版社，2011.

[42] 杨爱乐，郭壮，秦宏启，等．基于对象 Agent 的计算机集成运行系统建模仿真［J］．控制与决策，1999，14（3）：240-244.

[43] 杨帆．无人驾驶汽车的发展现状和展望［J］．上海汽车，2014（03）：35-40.

[44] 杨沛，古德祥．蚁群的信息系统［J］．昆虫知识，2000，38（1）：23-25.

［45］ 杨沛．蚁群社会生物学及多样性［J］．昆虫知识，1999，36（4）：243-247.

［46］ 杨苹，吴捷．复杂系统故障诊断综述［J］．测控技术，1998，17（2）：8-10.

［47］ 张翠军，张敬敏．基于车辆路径问题蚁群遗传融合优化算法［J］．计算机工程与应，2008，44（4）：233-235.

［48］ 张梅风，邵诚，甘勇，等．基于变异算子与模拟退火的混合的人工鱼群优化算法［J］．电子学报，2006，34（8）：1381-1385.

［49］ 张雪江，朱向阳，钟秉林，等．基于模拟退火算法的知识获取方法的研究［J］．控制与决策，1997，12（4）：328-331.

［50］ 张著洪．人工免疫系统中智能优化及免疫网络算法理论与应用研究［D］．重庆：重庆大学，2004.

［51］ 赵瑞阳，刘福庆，石洗凡．算法设计与分析——以 ACM 大学生程序设计竞赛在线题库为例［M］．北京：清华大学出版社，2015.

［52］ 赵祖龙．基于最大间隔聚类算法的 SVM 反问题研究［D］．武汉：武汉科技大学硕士论文．2011.

［53］ 郑永荣，袁家政，刘宏哲．一种基于 IPM-DVS 的车道线检测算法［J］．北京联合大学学报（自然科学版），2015（02）：41-46.

［54］ 周莉，胡德文，周宗潭．综合结构和纹理特征的场景识别［J］．信息科学，2012，42（06）：687-702.

［55］ 周培德．计算几何——算法设计与分析［M］．北京：清华大学出版社，2011.

［56］ 周宣汝，袁家政，刘宏哲，杨睿．基于 HOG 特征的交通信号灯实时识别算法研究［J］．计算机科学，2014（07）：313-317.

［57］ 祝天健．基于图的无人驾驶车即时定位与地图构建［D］．大连：大连理工大学，2013.

［58］ 邹恒明．算法之道［M］．北京：机械工业出版社，2012.